U0617115

高职高专计算机类系列教材

★ 2022 年"全国计算机类优秀教材"

配有丰富视频资源

Linux 服务器配置与管理

(CentOS 版)

主　编　孙中廷　解则翠

副主编　黄　健　曾晓娟

西安电子科技大学出版社

内 容 简 介

本书基于网络工程和应用实际需求，以广泛使用的 CentOS 6、CentOS 7 为例，介绍网络操作系统的部署、配置与管理的技术方法。部分项目可同时在两个版本中进行实现，书中也介绍了两个版本的区别与联系，可真正使学生做到举一反三。

本书根据网络工程的实际工作过程将复杂的操作细化，融入到多个独立的项目中，以具体项目为载体，介绍项目所需的理论知识，并细化操作步骤，最后运用虚拟机进行验证。书中所设计的项目包括：搭建 Linux 服务器的配置环境、FTP 服务器的配置与管理、Linux 系统网络的配置与管理、Samba 服务器的配置与管理、NFS 服务器的配置与管理、DHCP 服务器的配置与管理、DNS 服务器的配置与管理、Apache 服务器的配置与管理等八个项目，并配有 22 个项目实录操作视频教程(可登录出版社网站观看)，使教、学、做达到完美统一。

本书可作为高职院校信息类相关专业理论与实践一体化教材，也可以作为 Linux 系统管理、运维和网络管理人员的自学指导用书。

图书在版编目(CIP)数据

Linux 服务器配置与管理：CentOS 版 / 孙中廷，解则翠主编. —西安：西安电子科技大学出版社，2020.4(2022.10 重印)

ISBN 978-7-5606-5641-0

Ⅰ.① L… Ⅱ.① 孙… ② 解… Ⅲ.① Linux 操作系统—高等职业教育—教材

Ⅳ.① TP316.85

中国版本图书馆 CIP 数据核字(2020)第 049631 号

策　　划　李惠萍
责任编辑　唐小玉
出版发行　西安电子科技大学出版社(西安市太白南路 2 号)
电　　话　(029)88202421　88201467　　邮　　编　710071
网　　址　www.xduph.com　　　　电子邮箱　xdupfxb001@163.com
经　　销　新华书店
印刷单位　陕西天意印务有限责任公司
版　　次　2020 年 4 月第 1 版　　2022 年 10 月第 2 次印刷
开　　本　787 毫米×1092 毫米　1/16　印　张　13.5
字　　数　315 千字
印　　数　3001～5000 册
定　　价　33.00 元

ISBN 978-7-5606-5641-0 / TP

XDUP 5943001-2

如有印装问题可调换

前　言

　　虽然 Linux 比 Windows 和 UNIX 都出现得晚，但是目前 Linux 已经占据了 90% 以上的市场份额，像 BAT/TMD 甚至微软官方门户网站都使用的是 Linux 系统。利用 Linux 系统可以为企业架构 WWW 服务器、数据库服务器、负载均衡服务器、邮件服务器、DNS 服务器、代理服务器、路由器等，不但使企业降低了运营成本，同时还获得了 Linux 系统带来的高稳定性和高可靠性，且无需考虑商业软件的版权问题。目前 Linux 系统已经渗透到电信、金融、政府、教育、银行、石油等各个行业，同时各大硬件厂商也支持 Linux 操作系统。

　　从技术领域来看，无论是云计算、大数据、物联网、信息安全，还是现在比较火热的人工智能(AI)和区块链，都是基于 Linux 系统的。

　　本书基于工作过程，确立了"项目导向、任务驱动""课堂学习与课后练习双线并行"的设计思路，以培养学生 Linux 基本操作和服务器配置与管理的职业能力为目标，以真实项目为教学案例构建课程内容，按照不同的应用场景将项目进行拆分，使每个子项目都可以单独实现。全书包括搭建 Linux 服务器的配置环境、FTP 服务器的配置与管理、Linux 系统网络的配置与管理、Samba 服务器的配置与管理、NFS 服务器的配置与管理、DHCP 服务器的配置与管理、DNS 服务器的配置与管理、Apache 服务器的配置与管理等八个实践项目，并配有 22 个项目操作视频。书末的练习题则是对课堂项目的巩固和补充，以加强实训，突出职业技能训练，弥补其他教材训练不足的缺憾。在内容的组织和编写上，本书突出高等职业教育的特点，强调"怎么做，如何做"，在企业专家的指导下，本书打破了传统教材的编写框架，围绕服务器配置管理的步骤，按照"项目需求—项目分析—知识讲解—项目实施—项目测试"的主线对教材内容编排进行全新尝试，以讲、做、练一体化技能训练教学模式，建立真实工作任务与专业知识、专业技能的联系，增强学生的直观体验，同时也强化了对学生职业能力的培养。

　　本书突出实战化要求，贴近市场，贴近技术，所有实训项目都源于真实的企业应用案例，内容重在培养学生分析实际问题和解决实际问题的能力。每个项目都配有相应的实施文档及配套讲解视频，可以帮助学生进一步巩固基础知识，保障每个学生都能够完成项目的操作，达到应有的效果。本书还配备了 PPT 课件、课程标准、授课计划、教案、试卷（评分标准）、微信公众平台等丰富的教学资源，方便教学。

本书的参考学时为 60 学时，各章的参考学时如下：

项目	课 程 内 容	学 时 分 配	
		理论	实践
项目一	搭建 Linux 服务器的配置环境	2	2
项目二	FTP 服务器的配置与管理	2	2
项目三	Linux 系统网络的配置与管理	2	4
项目四	Samba 服务器的配置与管理	2	6
项目五	NFS 服务器的配置与管理	2	4
项目六	DHCP 服务器的配置与管理	2	8
项目七	DNS 服务器的配置与管理	2	8
项目八	Apache 服务器的配置与管理	2	10
小 计		16	44

本书由孙中廷、解则翠担任主编，黄健、曾晓娟担任副主编，其中项目一、项目二由孙中廷编写，项目三由企业工程师解则翠编写，项目四由黄健编写，项目五由曾晓娟编写，项目六由袁思维编写，项目七由企业工程师刘佳编写，项目八由孙红艳编写，练习题由石春宏、周旺红、李溪编写。

由于编者水平有限，书中难免存在不妥之处，敬请广大读者批评指正。

编　者

2020 年 3 月 1 日

目　　录

项目一　搭建 Linux 服务器的配置环境 ··· 1

1.1　项目描述 ··· 1

1.2　项目目标 ··· 1

1.3　相关知识 ··· 1

   1.3.1　Linux 简介 ·· 1

   1.3.2　CentOS 简介 ·· 2

1.4　任务实施 ··· 2

   1.4.1　CentOS 系统的自动化安装方法 ··· 2

   1.4.2　CentOS 系统的最小化安装方法 ··· 6

1.5　知识拓展 ··· 15

   1.5.1　VMware 的三种网络模式 ·· 15

   1.5.2　Linux 系统的目录名称及其作用 ·· 22

项目二　FTP 服务器的配置与管理 ··· 28

2.1　项目描述 ··· 28

2.2　项目目标 ··· 28

2.3　相关知识 ··· 28

   2.3.1　FTP 服务器的基本概念 ·· 28

   2.3.2　FTP 的工作原理 ··· 29

   2.3.3　FTP 服务器配置所需的命令 ·· 30

2.4　任务实施 ··· 32

   2.4.1　匿名登录方式的 FTP 服务器配置与管理 ·· 32

   2.4.2　密码登录方式的 FTP 服务器配置与管理 ·· 34

   2.4.3　FTP 服务器配置与管理综合实例 ·· 36

   2.4.4　设置磁盘配额 ·· 39

   2.4.5　对非独立目录/home 进行磁盘配额设置 ··· 41

2.5　知识拓展 ··· 46

   2.5.1　Linux 的命令拓展 ··· 46

   2.5.2　vsftpd 配置文件详解 ·· 52

项目三　Linux 系统网络的配置与管理 ··· 57

3.1　项目描述 ··· 57

3.2　项目目标 ··· 57

3.3　相关知识 ··· 57

　　3.3.1　IP 地址简介 ··· 57

　　3.3.2　secureCRT 简介 ··· 58

　　3.3.3　主机名 ··· 58

3.4　任务实施 ··· 59

　　3.4.1　使用命令临时修改 IP 地址 ··· 59

　　3.4.2　使用图形界面修改 IP 地址 ··· 59

　　3.4.3　使用配置文件修改 IP 地址 ··· 60

　　3.4.4　SecureCRT 远程管理 CentOS 系统 ··· 61

　　3.4.5　Windows 与 Linux 系统互传文件 ··· 63

3.5　知识拓展 ··· 64

　　3.5.1　NAT 的基本原理 ··· 64

　　3.5.2　NAT 的实现 ··· 70

　　3.5.3　NAT 的应用及不足 ·· 71

　　3.5.4　NAT 穿透 ·· 73

　　3.5.5　主机名的更改 ··· 76

　　3.5.6　复制虚拟机后 eth0 不能启动的解决方法 ·· 78

　　3.5.7　克隆虚拟机无法联网的解决方法 ·· 80

　　3.5.8　网卡 ifcfg-eth0 配置文件详解 ·· 83

项目四　Samba 服务器的配置与管理 ··· 84

4.1　项目描述 ··· 84

4.2　项目目标 ··· 84

4.3　相关知识 ··· 84

　　4.3.1　Samba 简介 ··· 84

　　4.3.2　SMB 协议 ··· 85

　　4.3.3　Samba 的工作原理 ·· 85

　　4.3.4　YUM 简介 ··· 85

　　4.3.5　Samba 配置的基本命令 ·· 86

4.4　任务实施 ··· 86

　　4.4.1　Samba 服务器配置——匿名用户登录 ·· 86

　　4.4.2　Samba 服务器配置——用户密码登录 ·· 88

　　4.4.3　Samba 服务器配置——用户账号映射 ·· 92

　　4.4.4　Samba 服务器配置——客户端访问控制 ··· 92

　　4.4.5　Samba 服务器配置——企业综合实例 ·· 93

　　4.4.6　Samba 服务器配置——通过光盘安装 Samba 服务 ································ 96

4.5　知识拓展 ··98

项目五　NFS 服务器的配置与管理 ···························100
5.1　项目描述 ··100
5.2　项目目标 ··100
5.3　相关知识 ··100
5.3.1　NFS 服务的概念 ··100
5.3.2　NFS 的优势及不足 ··100
5.3.3　NFS 的工作流程 ··101
5.4　任务实施 ··101
5.4.1　NFS 服务配置实例 ··101
5.4.2　NFS 的共享文件设置为永久挂载 ····················103
5.5　知识拓展 ··104
5.5.1　在 Linux 系统下设置用户组、文件权限 ···········104
5.5.2　更改用户组、文件权限的实例 ·························106

项目六　DHCP 服务器的配置与管理 ·······················108
6.1　项目描述 ··108
6.2　项目目标 ··108
6.3　相关知识 ··108
6.3.1　DHCP 服务的概念 ···108
6.3.2　DHCP 的工作过程 ···109
6.4　任务实施 ··110
6.4.1　常规 DHCP 服务器的配置 ·······························110
6.4.2　绑定主机的 MAC 地址与 IP 地址 ·····················113
6.4.3　DHCP 多作用域的配置 ·····································114
6.4.4　DHCP 超级作用域的配置 ··································120
6.4.5　DHCP 中继代理的配置 ·····································126
6.5　知识拓展 ··134

项目七　DNS 服务器的配置与管理 ·························137
7.1　项目描述 ··137
7.2　项目目标 ··137
7.3　相关知识 ··137
7.3.1　DNS 的概念 ··137
7.3.2　域名空间简介 ···138
7.3.3　DNS 服务器的工作流程 ····································138
7.4　任务实施 ··139

7.4.1　常规 DNS 服务器的配置 ································· 139

7.4.2　辅助 DNS 服务器的配置 ································· 143

7.4.3　DNS 服务器区域委派的配置 ···························· 148

7.5　知识拓展 ··· 156

7.5.1　因特网的域名空间结构 ································· 156

7.5.2　域名服务器简介 ······································· 157

7.5.3　域名的解析过程详解 ··································· 159

项目八　Apache 服务器的配置与管理 ···························· 161

8.1　项目描述 ··· 161

8.2　项目目标 ··· 161

8.3　相关知识 ··· 161

8.3.1　Web 服务器简介 ······································· 161

8.3.2　Apache 的优势及特点 ··································· 162

8.3.3　Apache 的发展历史 ····································· 162

8.4　任务实施 ··· 163

8.4.1　Apache 服务器的默认配置实例 ·························· 163

8.4.2　配置个人主页 ··· 165

8.4.3　配置虚拟目录 ··· 167

8.4.4　基于 IP 地址的虚拟主机的配置 ························· 169

8.4.5　基于端口号的虚拟主机配置 ····························· 173

8.4.6　基于域名的虚拟主机配置 ······························· 174

8.4.7　在虚拟目录中配置用户身份认证 ························· 180

8.5　知识拓展 ··· 182

8.5.1　Apache 服务器的主配置文件详解 ························ 182

8.5.2　在 CentOS 系统中安装中文输入法 ······················ 188

练习题 ··· 192

项目一练习题 ··· 192

项目二练习题 ··· 193

项目三练习题 ··· 194

项目四练习题 ··· 195

项目五练习题 ··· 197

项目六练习题 ··· 198

项目七练习题 ··· 200

项目八练习题 ··· 201

附录　FTP 服务器配置文件详解 ································· 203

参考文献 ··· 207

项目一　搭建 Linux 服务器的配置环境

1.1　项目描述

某高校组建了校园网，需要架设一台具有 Web、FTP、DNS、DCP、Samba、VPN 等功能的服务器来为校园网用户提供服务。现需要选择一种既安全又易于管理的网络操作系统，正确搭建服务器并测试。

1.2　项目目标

学习目标

- 了解 Linux 系统的历史、版权以及 Linux 系统的特点
- 了解 Red Hat Enterprise Linux6 的优点及其家族成员
- 掌握如何搭建 Red Hat Enterprise Linux6 服务器
- 掌握如何配置 Linux 的常规网络和如何测试 Linux 的网络环境
- 掌握如何排除 Linux 服务器的安装故障

1.3　相关知识

1.3.1　Linux 简介

Linux 系统是一个类似 UNIX 的操作系统，是 UNIX 在计算机上的完整实现。它的标志是一个名为 Tux 的可爱的小企鹅，如图 1-1 所示。UNIX 操作系统是 1969 年由 K.Thompson 和 D.M.Ritchie 在美国贝尔实验室开发的一种操作系统，由于其良好而稳定的性能，迅速在计算机中得到广泛的应用。在随后几十年中，UNIX 做了不断的改进。

1990 年，芬兰人 Linus Torvalds 开始着手研究编写一个开放的且与 Minix 系统兼容的操作系统。

图 1-1　Linux 的标志

1991 年 10 月 5 日,Linus Torvalds 公布了第一个 Linux 的内核版本 0.02 版。

1992 年 3 月,内核 1.0 版本的推出,标志着 Linux 第一个正式版本的诞生。

现在,Linux 凭借优秀的设计、不凡的性能,加上 IBM、Intel、AMD、DELL、Oracle、Sybase 等国际知名企业的大力支持,市场份额逐步扩大,已逐渐成为主流操作系统之一。

1.3.2 CentOS 简介

CentOS(Community Enterprise Operation System,社区企业操作系统)是当前最流行的商业版 Linux——Red Hat Enterprise Linux(RHEL)的克隆版。它和 RHEL 的区别是除了没有 RHEL 一样的技术支持以外,还修正了 RHEL 已知的一些缺陷,所以其稳定性值得我们信赖。至于 RHEL 的技术支持,在一般公司采购的情况下,大多是为了安心或者在问题出现的时候能够找到负责方才购买 Red Hat 的技术支持。事实上,为了能够享受技术支持而付费的公司,真正享受技术支持服务的并没有想象得那么多。因为对 Linux 相关技术来说,只要掌握程度相当于 LPIC Level1 级别的用户,就基本能够驾驭它。所以,对于个人来说,根据用途的不同,即使不需要技术支持也完全有能力使用这个系统。

1.4 任 务 实 施

1.4.1 CentOS 系统的自动化安装方法

CentOS 系统的安装方法有很多种,其中最为简单的安装方法如下:

1. 注意

此种方法安装完成后,带有桌面管理平台。

2. 安装操作步骤

CentOS 系统的简单安装方法如下:

(1) 在 VMware 中"我的计算机"栏下的空白处右键单击,选择"新建虚拟机",如图 1-2 所示。

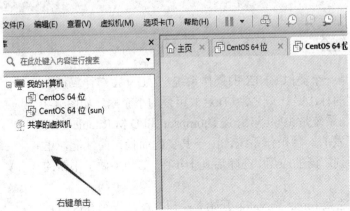

图 1-2 VMware 的初始界面

点击"新建虚拟机",在"欢迎使用新建虚拟机向导"界面选择"典型"选项,如图 1-3 所示。

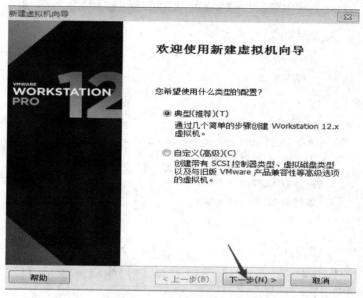

图 1-3　选择"典型"选项

点击"下一步"按钮,进入"选择虚拟机硬件兼容性"界面,一般选择"workstation14.x" 版本。点击"下一步"按钮,进入"安装客户机操作系统"界面。

(2) 在"安装客户机操作系统"界面,选中"安装程序光盘映像文件(iso)(M)";点击"浏览"按钮,选择 iso 文件所在的目录,接着点击"确定"按钮,如图 1-4 所示。

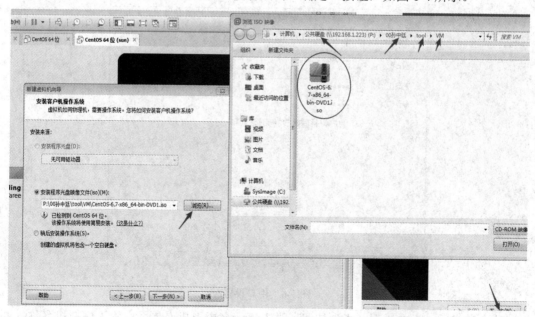

图 1-4　选择安装映像文件

然后返回"安装客户机操作系统"界面,点击"下一步"按钮,如图 1-5 所示,进入 "简易安装信息"界面。

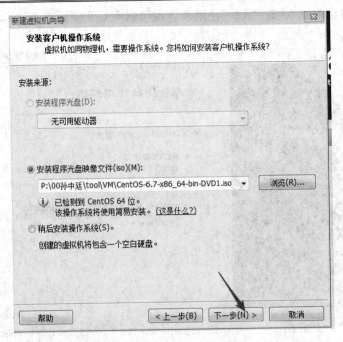

图 1-5　点击"下一步"按钮

(3) 在"简易安装信息"界面输入 Linux 操作系统的用户账户和密码，如图 1-6 所示。

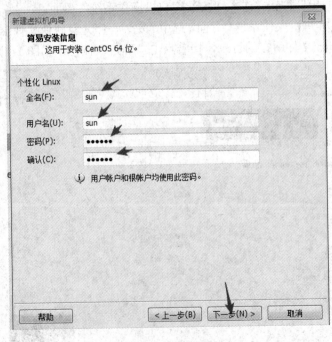

图 1-6　用户设置

输入完成后，点击"下一步"按钮，进入"命名虚拟机"界面；输入虚拟机名称，并选择虚拟机存放位置，如图 1-7 所示。建议虚拟机存放在 D 盘或其他盘，不要存放在 C 盘，防止 C 盘容量有限，导致系统运行变慢。

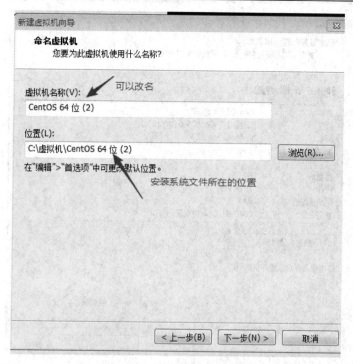

图 1-7　虚拟机存放位置设置

　　(4) 完成存放位置的设置后，点击"下一步"按钮进入"指定磁盘容量"界面，如图 1-8 所示，然后在此界面设置最大磁盘大小，单位为 GB。

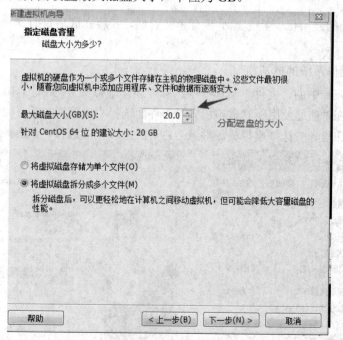

图 1-8　磁盘容量设置

　　选择"将虚拟磁盘拆分成多个文件"，点击"下一步"按钮。进入"已准备好创建虚拟机"界面，如图 1-9 所示。点击"完成"按钮，虚拟机创建完成。

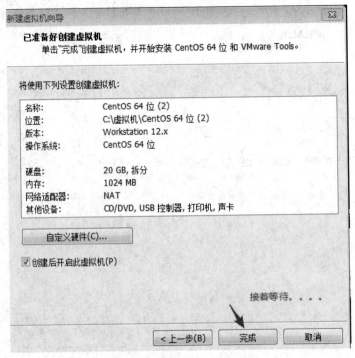

图 1-9　简易版虚拟机创建完成

1.4.2　CentOS 系统的最小化安装方法

CentOS 系统的最小化安装方式不带有桌面管理，安装完成后仅有命令管理模式，具体安装操作步骤如下：

1. 新建无操作系统的虚拟机

(1) 在 VMware 中的"文件"菜单栏中选择"新建虚拟机"，如图 1-10 所示。点击"新建虚拟机"后，在"欢迎使用新建虚拟机向导"界面选择"典型"选项，如图 1-11 所示。点击"下一步"按钮进入"选择虚拟机硬件兼容性"界面，一般选择"workstation 14.x"版本。

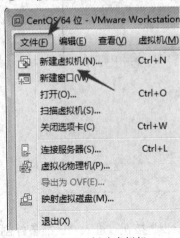

图 1-10　新建虚拟机

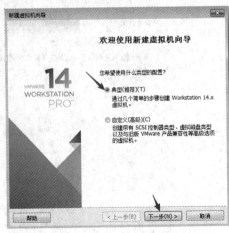

图 1-11　"典型"选项

点击"下一步"按钮，进入如图 1-12 所示的"安装客户机操作系统"界面，选中"稍后安装操作系统"。

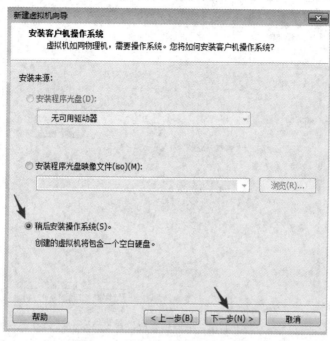

图 1-12　"稍后安装操作系统"选项

(2) 点击"下一步"按钮，进入"选择客户机操作系统"界面，在"客户机操作系统"单项选择框中选择"Linux"，如图 1-13 所示。

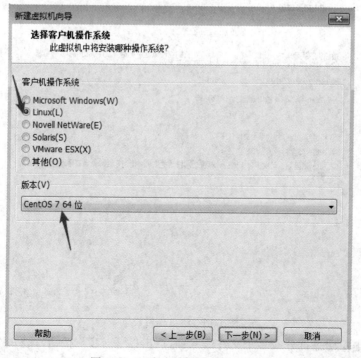

图 1-13　"客户机操作系统"选项

在"版本"下拉框中选择"CentOs 7 64 位",然后点击"下一步"按钮,进入"命名虚拟机"界面,输入虚拟机名称,并选择虚拟机存放位置,如图 1-14 所示。

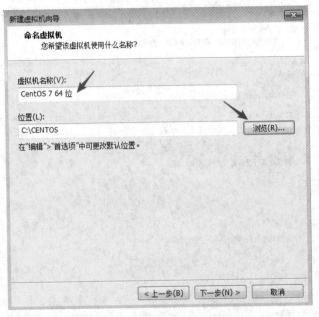

图 1-14　虚拟机存放位置设置

(3) 完成存放位置的设置后,点击"下一步"按钮进入"指定磁盘容量"界面,如图 1-15 所示,然后在此界面设置最大磁盘大小,单位为 GB。

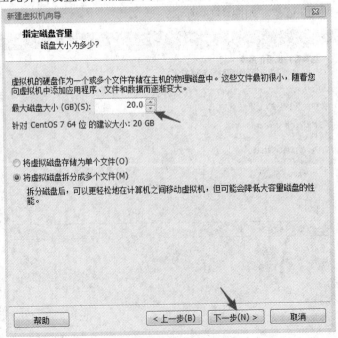

图 1-15　磁盘容量设置

选择"将虚拟磁盘拆分成多个文件",最后点击"下一步"按钮,进入"已准备好创建虚拟机"界面,如图 1-16 所示。点击"完成"按钮,虚拟机创建完成。

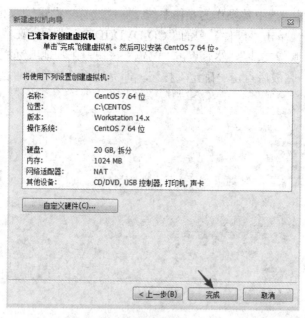

图 1-16　虚拟机创建完成

2. 设置虚拟机

在虚拟机中，可以对操作系统进行硬件的添加和删除以及映像文件的设置。

(1) 删除不需要的硬件。在 VMware 虚拟机的运行中，部分硬件在服务器中可能并不需要，可以删除这部分硬件，操作步骤如下：

选中要操作的操作系统，右键选择"设置"，如图 1-17 所示。

进入"虚拟机设置"界面，选择不需要的硬件，如选中此处的声卡或打印机，点击下面的"移除"按钮，如图 1-18 所示。操作完成后，点击"完成"按钮，操作完成。

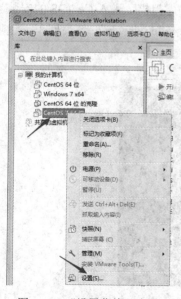

图 1-17　"设置菜单"选项

图 1-18　虚拟机设置界面

(2) 设置镜像文件。选中要操作的操作系统，右键选择"设置"，如图 1-18 所示。进入"虚拟机设置"界面，单击"硬件"中的"CD-DVD(IDE)"选项，在"连接"选项卡中选中单选框"使用 ISO 映像文件"，然后点击"浏览"按钮，在本地或远程文件中选择映像文件，如图 1-19 所示。完成后点击"确定"按钮，即完成系统镜像文件的设置。

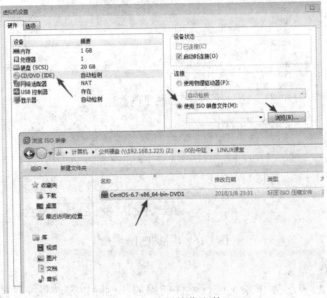

图 1-19　选择镜像文件

3. 安装操作系统

在安装虚拟机的操作系统之前，必须先设置镜像文件，然后才能够进行后续的安装。在系统安装过程中，释放鼠标的快捷键为 Ctrl+Alt。

操作系统的安装步骤如下：

(1) 设置完成镜像文件后，点击要安装的虚拟机，启动虚拟机，进入 CentOS 的安装界面，如图 1-20 所示。选择第二项"Install system with basic video driver"，然后回车。选项可通过按上下键进行选择。

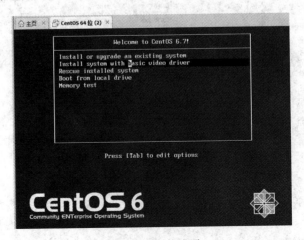

图 1-20　安装选项

(2) 进入 Disc Found 的设置界面，如图 1-21 所示，点击"Skip"放弃检测。

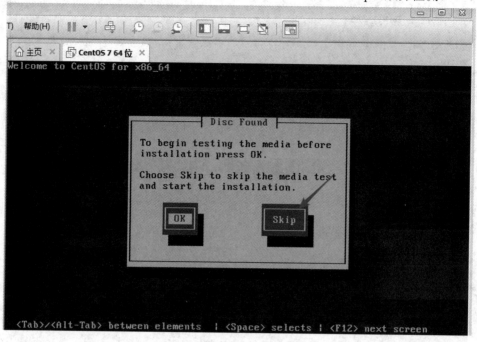

图 1-21　选择"Skip"放弃检测

(3) 跳过硬盘检测后，点击"下一步"按钮，进入语言选择界面，可选择"Chinese"中文模式或"English"英文模式。在此选择简体中文，如图 1-22 所示。

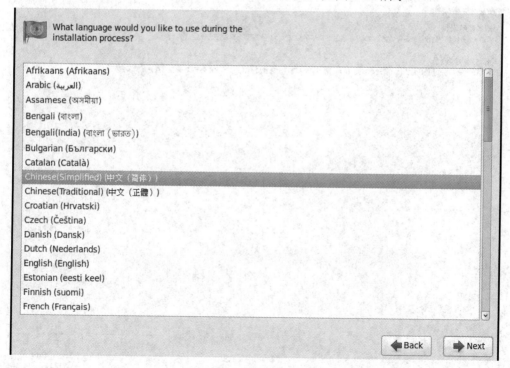

图 1-22　"语言选择"界面

点击"下一步"按钮，进入键盘设置界面，根据具体情况选择键盘，如图 1-23 所示。

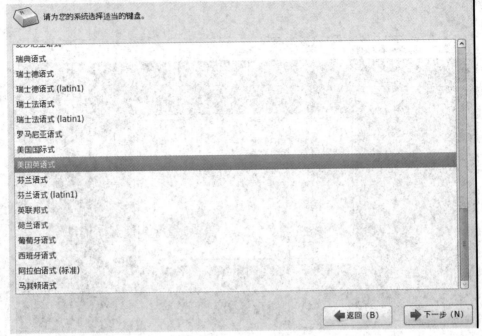

图 1-23 键盘设置界面

(4) 如图 1-24 所示，在"存储设备"选择界面选择"基本存储设备"，然后点击"下一步"按钮。

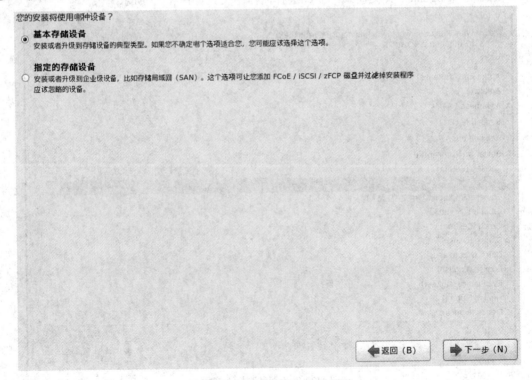

图 1-24 "存储设备"选择界面

如图 1-25 所示，若有"存储设备警告"对话框，在硬盘文件为空的情况下可跳过；若无该对话框，则选择"是，忽略所有数据"。

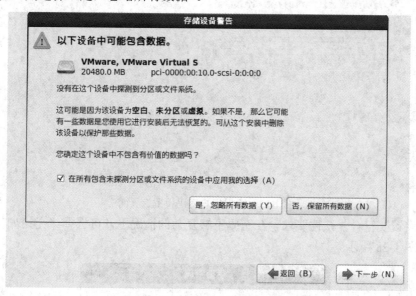

图 1-25 "存储设备警告"界面

然后点击"下一步"按钮，进入主机名录入界面，可以默认主机名为"localhost.localdomain"，也可根据实际情况更改主机名。然后点击"下一步"按钮，选择"亚洲/上海"时区，如图 1-26 所示。

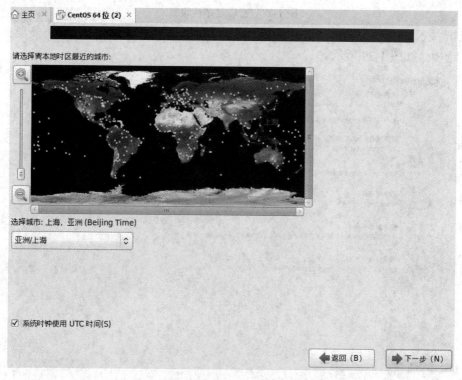

图 1-26 "时区选择"界面

(5) 点击"下一步"按钮，进入"根用户密码设置"界面，输入密码，如图 1-27 所示。

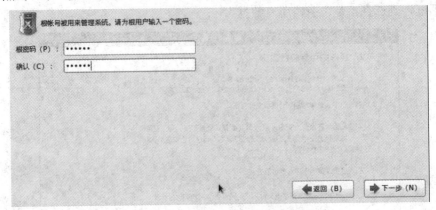

图 1-27　"根用户密码设置"界面

密码设置要符合复杂性要求。在密码不够复杂的情况下，可选择"无论如何都使用"选项，如图 1-28 所示。

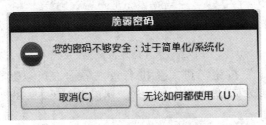

图 1-28　密码复杂性设置

点击"下一步"按钮，进入"您要进行哪种类型的安装"界面，选择"替换现有 Linux 系统"选项。如图 1-29 所示。

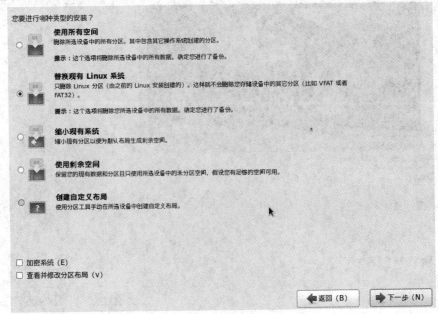

图 1-29　"类型选择"界面

(6) 点击"下一步"按钮,在弹出的"将存储配置写入磁盘"对话框中,选择"将修改写入磁盘"。然后点击"下一步"按钮,在 CentOS 的默认安装方式中选择最小安装方式,如图 1-30 所示。

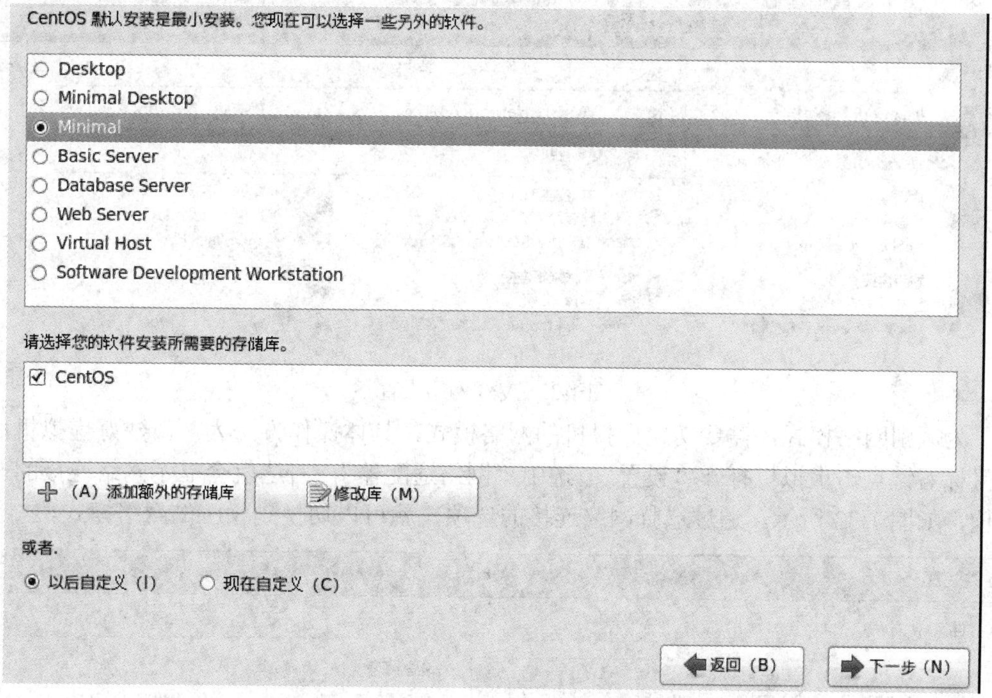

图 1-30 "安装模式选择"界面

设置完成后点击"下一步"按钮,进入安装界面等待安装,直至完成,如图 1-31 所示。

安装 glibc-common-2.12-1.166.el6.x86_64 (107 MB)
Common binaries and locale data for glibc

等待安装结束!

图 1-31 "等待安装"界面

1.5 知 识 拓 展

1.5.1 VMware 的三种网络模式

VMware 有三种网络模式,分别为 Host-only(仅主机模式)、桥接模式和 NAT 模式(网络地址转换模式)。为区别三种模式在 VMware 中的不同作用,本次演示采用的是 Windows 7 和 VMware Workstation 7.15 中文版本。下载软件并安装完毕后,打开控制面板→网络和共享中心→更改适配器设置，在网络连接里面会多出两块网卡图标，如图 1-32 所示。其中 VMnet1 是虚拟机 Host-only 模式的网络接口，VMnet8 是 NAT 模式的网络接口。

图 1-32　VM 网络设置

为区别网络模式，需要切换虚拟机的网络模式，具体操作方法为：新建好虚拟机后，用鼠标右键点击虚拟机打开"设置"；选中"网络适配器"，右边就会显示网络连接的三种选项，如图 1-33 所示。通过选择网络连接的选项，就可以切换到相应的网络模式。

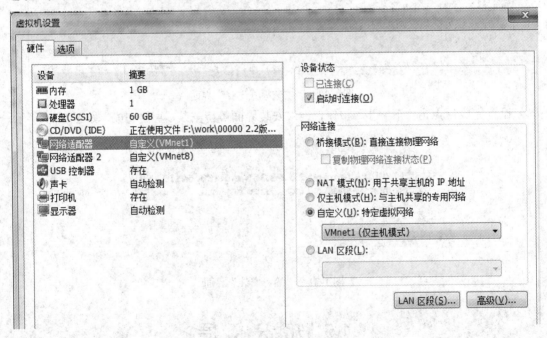

图 1-33　网络适配器选择

仅主机模式、桥接模式和 NAT 模式都可根据实际情况进行修改和查看，具体方法为：点击 VMware 软件菜单栏中的"编辑"，选择"编辑虚拟网路"，即可看到三种网络模式各自所在的网段。分别点击 VMnet0、VMnet1 和 VMnet8，就可以查看各种网络模式默认的具体配置，也可以对设置进行修改，如图 1-34 所示。如在修改过程中发生错误，可点击最下面的"还原恢复默认"按钮，所有网段的设置会重置为默认状态。有时如果虚拟机网络功能不正常，也可通过恢复默认来恢复网络功能。

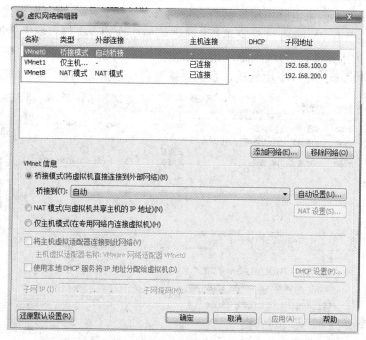

图 1-34　三种网络模式

以下分别介绍桥接模式(Bridged)、Host-only(仅主机模式)和 NAT 模式(网络地址转换模式)三种网络模式的不同和优缺点。

1. 桥接模式

在虚拟机设置中，选择桥接模式时，所使用的网络为 VMnet0。在此模式下，虚拟机和主机就好比插在同一台交换机上的两台电脑，如图 1-35 所示。如果主机连接在开启了DHCP(Dynamic Host Configuration Protocol，动态主机配置协议)服务的(无线)路由器上，虚拟机就能够自动获得 IP 地址。如果局域网内没有提供 DHCP 服务的设备，就需要手动配置IP 地址：仿照主机网卡的 IP 地址，设置一个同网段的不同 IP 地址。由于 IP 地址是在同一网段内，局域网内的所有同网段的电脑都能互访。因此，虚拟机和本机一样能够连接外网。

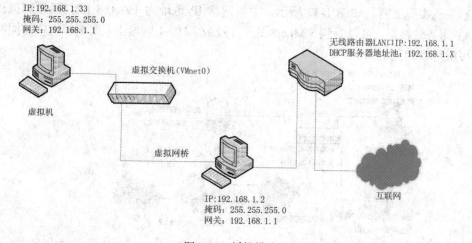

图 1-35　桥接模式拓扑结构图

在桥接模式下，如果电脑主机安装有多块网卡，则应该手动指定要桥接的那块网卡，操作方法如下：点击 VMware 软件菜单栏中的"编辑"选项，选择"编辑虚拟网路"，点击 VMnet0，在"桥接到(T)"的选项中，指定用来上网的网卡，如图 1-36 所示。如果只有一块能够上网的网卡，可以不用修改，默认系统会自动连接该网卡。

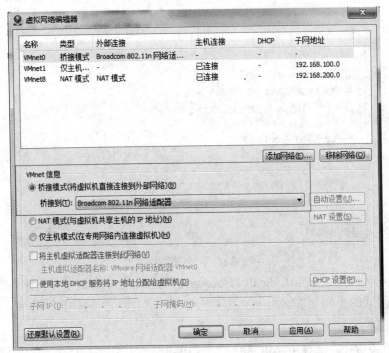

图 1-36　桥接模式设置

2. NAT 模式

在虚拟机设置中，选择网络地址转换模式(NAT)时，所使用的网络是 VMnet8。采用这种模式，如果主机能够正常上网，那么虚拟机也就能够直接上网。此时虚拟机处于一个新的网段内，由 VMware 提供的 DHCP 服务自动分配 IP 地址，然后通过 VMware 提供的 NAT 服务，共享主机实现上网。如图 1-37 所示，主机网络 IP 地址为 192.168.1.2，经过虚拟机提供的 NAT 服务转换后，可以看到 VMnet8 处于 192.168.102.1 网段上。在虚拟机中的同网段内，虚拟机可以相互访问。

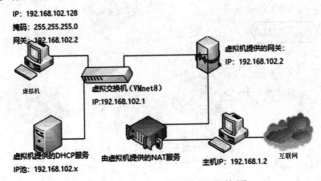

图 1-37　NAT 网络拓扑结构图

在 NAT 模式下，虚拟机可以访问主机所在局域网内所有同网段的电脑，但除了主机外，局域网内的其他电脑都无法访问虚拟机。要查看虚拟机在 NAT 模式下的 DHCP 服务和网关地址设置，可打开"编辑虚拟网络"，点击"VMnet8"，然后点击"DHCP 设置"按钮，即可看到网段地址池的范围。点击"NAT 设置"按钮，可以看到网关设置的相关信息，如图 1-38 所示。

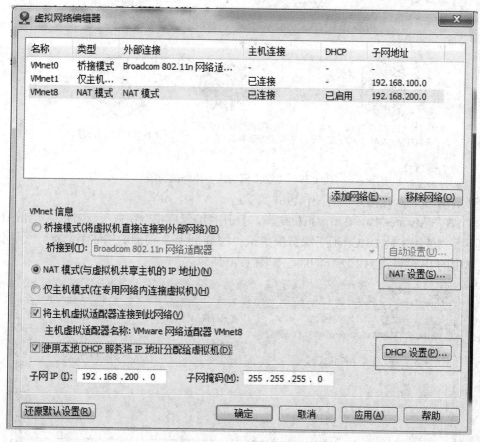

图 1-38　NAT 模式选项

3. 仅主机模式

在虚拟机设置界面，选择仅主机模式(Host-Only)时，所使用的网络是 VMnet1。在此模式下，虚拟机处于一个独立的网段中。与 NAT 模式比较可以发现，此模式下虚拟机没有提供 NAT 服务，所以此时虚拟机无法上网，但可通过本机 Windows 系统提供的连接共享功能实现网络连接。在此模式下，虚拟机"与主机共享一个私有网络"，是指主机能与此模式下的所有虚拟机互访，就像在一个私有的局域网内一样可以实现文件共享等功能，如图 1-39 所示。

如果没有开启 Windows 连接共享功能的话，除了主机外，虚拟机与主机所在的局域网内的所有其他电脑之间均无法互访。因此，在此网络模式下，如果需要开通网络，就要开启 Windows 的连接共享功能，此功能与虚拟机在 NAT 模式下提供的 NAT 服务实现共享上网发挥的作用相同。

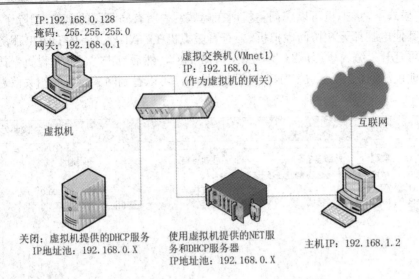

图 1-39 "仅主机模式"拓扑结构图

开启 Windows 连接共享的操作方式如下：

(1) 在 VMware 中，关闭虚拟机电源，打开"编辑虚拟网络"，点击选中 VMnet1，然后把下面"使用本地 DHCP 服务来分配虚拟机的 IP 地址"前面的钩取消，把 "子网 IP:"的文本中的 IP 地址改为 192.168.0.0，如图 1-40 所示。

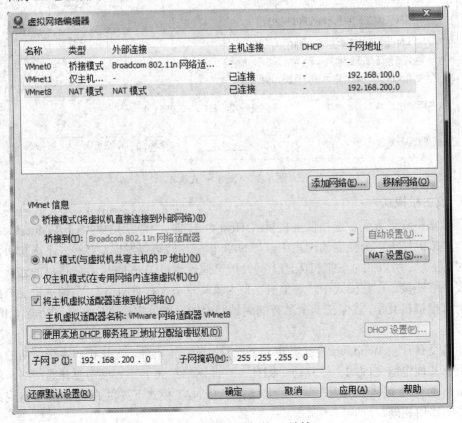

图 1-40 分配虚拟机的 IP 地址

(2) 在 VMware 中右键点击虚拟机，打开"设置"按钮，点击"网络适配器"，在右边选中"仅主机模式"，如图 1-41 所示，确定后退出。

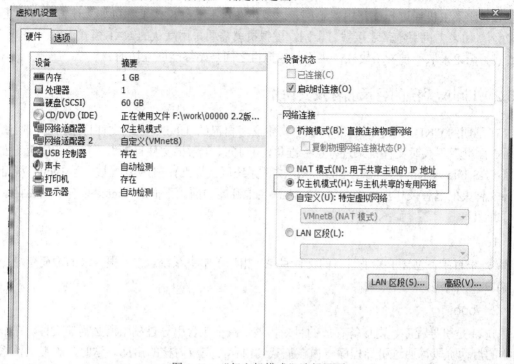

图 1-41 "仅主机模式"选择界面

(3) 在本机 Windows 系统下，打开控制面板→网络和共享中心→更改适配器设置，鼠标右键点击主机网卡所在的"本地连接"，打开"属性"，点击"共享"，勾选"允许其他网络用户通过此计算机的 Internet 连接来连接"选项，在"家庭网络连接"的下拉箭头中选择"VMware Network Adapter VMnet1"，如图 1-42 所示，系统提示该 VMnet1 网卡的 IP 地址设置为 192.168.0.1。作为连接共享上网的网关，这是 Windows 系统默认的网段设置。

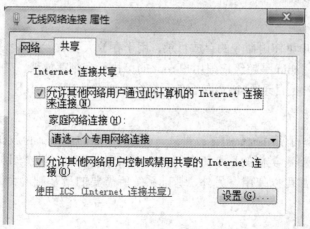

图 1-42 "连接共享"设置

(4) 在 VMware 中打开虚拟机电源运行虚拟机，则利用 Windows 提供的连接共享功能就能够通过主机网卡上网了。

注意:

(1) 修改虚拟机设置时,一般需要先关闭虚拟机电源,然后再修改。

(2) 如果主机通过无线路由器上网,虚拟机在以上三种模式下都可如上述方法实现上网功能; 如果主机用宽带连接拨号上网,虚拟机就需要采用默认的 NAT 模式上网。

(3) 无论采取哪种网络模式,主机与虚拟机之间是始终能够互访的。

1.5.2　Linux 系统的目录名称及其作用

在早期的 UNIX 系统中,各个厂家各自定义了自己的 UNIX 系统文件目录,比较混乱。Linux 面世后不久对文件目录进行了标准化,于 1994 年对根文件目录做了统一的规范,推出了 FHS(File system Hierarchy Standard,文件系统层次标准)。FHS 标准规定了 Linux 根目录各文件夹的名称及作用,统一了 Linux 命名混乱的局面。下面对 Linux 系统的主要目录进行介绍。

1. /

/ 是根目录,包含了几乎所有的文件目录,相当于中央系统。进入根目录的最简单命令为 cd /。

2. /boot

/boot 是引导程序、内核等存放的目录,该目录下包含引导过程中所必需的文件。在最开始的启动阶段,通过引导程序将内核加载到内存,完成内核的启动。这时,虚拟文件系统还不存在,加载的内核虽然是从硬盘读取的,但是没有经过 Linux 的虚拟文件系统。然后内核自己创建好虚拟文件系统,并且从虚拟文件系统的其他子目录中,如 /sbin 和 /etc,加载需要在开机时启动其他程序、服务或者特定的动作,部分可以由用户自己在相应的目录中修改相应的文件来配置。如果我们的机器中包含多个操作系统,那么可以通过修改这个目录中的某个配置文件(例如 grub.conf)来调整启动的默认操作系统、系统启动的选择菜单以及启动延迟等参数。

3. /sbin

/sbin 是超级用户可使用命令的存放目录,用于存放大多数涉及系统管理的命令,如引导系统的 init 程序。/sbin 是超级权限用户 root 的可执行命令存放地,普通用户无权限执行该目录下的命令。凡是目录 /sbin 中包含的所有命令,都是有 root 权限才能执行的。

4. /bin

/bin 是普通用户可使用命令的存放目录。系统所需要的命令都存放在/bin 目录中,比如 ls、cp、mkdir 等命令。类似的目录还有/usr/bin,/usr/local/bin 等。该目录中的文件都是可执行的,普通用户都可以使用。另外,基础系统所需要的最基础的命令也都存放在该目录下。

5. /lib

/lib 是根目录下所有程序的共享库目录,包含系统引导在根用户执行命令时所必须用到的共享库。

6. /dev

/dev 是设备文件目录。在 Linux 操作系统中，设备都是以文件形式出现的，其中系统的设备如硬盘、键盘、鼠标、网卡、终端等。可通过访问这些设备的文件访问系统相应的设备。设备文件可以使用 mknod 命令来创建。为了将对这些设备文件的访问转化为对设备的访问，需要向相应的设备提供设备驱动模块，将设备驱动编译之后，会生成一个 *.ko 类型的二进制文件。启动内核之后，再通过 insmod 等命令加载相应的设备驱动，之后，才能够通过设备文件来访问设备。一般来说，想要 Linux 系统支持某个设备，还需要有相应的支持硬件设备的驱动模块以及相应的设备文件。

7. /home

/home 是普通用户的家目录。在 Linux 操作系统中，用户主目录通常直接或间接地存放在此目录下，其结构通常由本地机的管理员来决定。一般而言，系统的每个用户都有自己的家目录，目录以用户名为名字存放在 /home 目录下，如 quietheart 用户，其家目录的名字为 /home/quietheart。该目录中保存了绝大多数的用户文件，包括用户自己的配置文件、定制文件、文档、数据等。

8. /root

/root 是用户 root 的 home 目录。系统管理员(root 用户或超级用户)的主目录比较特殊，不存放在/home 中，而是直接放在/root 目录下。

9. /etc

/etc 是全局配置文件的存放目录。系统和程序一般都可以通过修改相应的配置文件来进行配置，如要配置系统开机时启动的程序、配置某个程序启动时显示的风格等。通常这些配置文件都集中存放在 /etc 目录中，所以需要配置系统功能的话，可以直接在/etc 目录下寻找要修改的配置文件。

10. /etc/rc 或/etc/rc.d

/etc/rc 或/etc/rc.d 是启动或改变运行级别时运行的脚本或脚本目录。

11. /etc/passwd

/etc/passwd 是用户数据库目录，其中的域给出了用户名、真实姓名、用户起始目录、加密口令和用户的其他信息。

12. /etc/fdprm

/etc/fdprm 是软盘参数表，用以说明不同的软盘格式，可用 setfdprm 进行设置。更多信息可以参见 setfdprm 的帮助页。

13. /etc/fstab

/etc/fstab 目录是指定启动时需要自动安装的文件系统列表，也包括用 swapon -a 启用的 swap 区的信息。

14. /etc/group

/etc/group 目录类似于/etc/passwd 目录，但说明的不是用户信息而是组的信息，包括组的各种数据。

15. /etc/inittab

/etc/inittab 目录下是 init 的配置文件。

16. /etc/issue

/etc/issue 目录包含的是用户在登录系统前的输出信息，通常包括系统的一段短说明或欢迎信息，具体内容由系统管理员确定。

17. /etc/magic

/etc/magic 目录下是 "file" 的配置文件，包含不同文件格式的说明。

18. /etc/magic

/etc/motd 目录(其中 motd 是 message of the day 的缩写)包含用户成功登录后自动输出的信息，内容由系统管理员确定，常用于通告信息，如计划关机时间的警告等。

19. /etc/mtab

/etc/mtab 目录下是当前安装的文件系统列表，其列表由脚本(scritp)初始化，并由 mount 命令自动更新。

20. /etc/shadow

/etc/shadow 目录下是安装了影子(shadow)口令软件系统上的影子口令文件。影子口令文件将 /etc/passwd 文件中的加密口令移动到/etc/shadow 中，而 /etc/shadow 只对超级用户(root)可读，这就使破译口令更困难，可增加系统的安全性。

21. /etc/login.defs

/etc/login.defs 目录是 login 命令的配置文件。

22. /etc/printcap

/etc/printcap 目录类似/etc/termcap，但针对不同的打印机其语法不同。

23. /etc/profile/etc/csh.login 和/etc/csh.cshrc

/etc/profile/etc/csh.login 和 /etc/csh.cshrc 是系统登录或启动时，bourne 或 cshells 执行的文件。该文件允许系统管理员为所有用户建立全局缺省环境。

24. /etc/securetty

/etc/securetty 目录是确认的安全终端目录，即确认哪个终端允许超级用户(root)登录。/etc/securetty 一般只列出虚拟控制台，这样就不可能(至少很困难)通过调制解调器(modem)或网络闯入系统并获得超级用户权限。

25. /etc/shells

/etc/shells 目录列出了可以使用的 shell chsh 命令，允许用户在本文件指定范围内改变登录的 shell，并提供 ftpd 服务进程，以检查用户 shell 是否列在 /etc/shells 文件中，如果不是，则不允许该用户登录。

26. /etc/termcap

/etc/termcap 目录下存放的是终端性能数据库，用于说明不同的终端用什么"转义序列"

进行控制。写程序时不直接输出转义序列(只能工作于特定品牌的终端),而是在 /etc/termcap 中查找要做的正确序列。这样,就使得多数的程序可以在大多数终端上运行。

27. /usr

/usr 目录中包含了命令库文件和通常操作中不会修改的文件。该目录对于系统来说是一个非常重要的目录,其地位类似 Windows 中的"ProgramFiles"目录。输入命令后,系统会默认执行 /usr/bin 下的程序(当然,前提是这个目录的路径已经被添加到了系统的环境变量中)。该目录通常也会挂载一个独立的磁盘分区,它保存共享只读类文件,可以被运行 Linux 的不同主机挂载。

28. /usr/lib

/usr/lib 目录用于存放目标库文件,包括动态链接库和一些通常不是直接调用的可执行文件。该目录的功能类似于 /lib 目录,存放的文件是 /bin 目录下程序所需要的库文件,但也不排除一些例外的情况。

29. /usr/bin

/usr/bin 目录是一般使用者使用且不是系统自检等所必需的可执行文件的存放目录。该目录相当于根文件系统下的对应目录 /bin,非启动系统、非修复系统以及非本地安装的程序一般都放在该目录下。

30. /usr/sbin

/usr/sbin 目录是管理员使用的非系统必需的可执行文件的存放目录。此目录相当于根文件系统下的对应目录 /sbin,用于保存系统管理程序的二进制文件,且这些文件不是系统启动、文件系统挂载、修复系统所必需的。

31. /usr/share

/usr/share 目录是存放共享文件的目录。该目录下的子目录中保存着当前操作系统在不同构架下工作时特定应用程序的共享数据,如程序文档信息。使用者可以找到通常放在 /usr/doc 或/usr/lib 或/usr/man 目录下的类似数据。

32. /usr/include

/usr/include 目录用于存放 C 语言程序编译需要使用的头文件。Linux 下开发和编译应用程序所需要的头文件一般都存放在该目录下,通过头文件来使用某些库函数。默认情况下,该目录已被添加在环境变量中,因此在编译开发程序时,编译器会自动搜索这个路径,从中找到程序中可能包含的头文件。

33. /usr/local

/usr/local 目录是安装本地程序的一般默认路径。当下载一个程序源代码、编译并且安装时,如果不特别指定安装的程序路径,那么会默认将程序相关的文件安装到该目录的对应目录下。也就是说,该目录存放的内容一般都是后来安装软件时的默认路径。如果选择了默认路径作为软件的安装路径,被安装软件的所有文件都限制在该目录中,其中的子目录就相应于根目录的子目录。

34. /proc

/proc 目录是特殊文件目录。该目录采用一种特殊的文件系统格式——proc 格式，其中包含了全部虚拟文件。它们并不保存在磁盘中，也不占据磁盘空间(尽管命令 ls -c 会显示它们的大小)。当查看它们时，实际看到的是内存里的信息。这些文件有助于我们了解系统内部信息，例如：

1/ 是关于进程 1 的信息目录。每个进程在/proc 下都有一个名为其进程号的目录，其中 cpuinfo 是处理器信息，如类型、制造商、型号和性能。

Devices 是当前运行的核心配置的设备驱动的列表。

Dma 显示当前使用的 DMA 通道。

Filesystems 是核心配置的文件系统。

Interrupts 显示使用的中断。

Ioports 是当前使用的 I/O 端口。

Kcore 是系统物理内存映象，与物理内存大小一样，但实际不占这么多内存。

Kmsg 是核心输出的消息，也被送到 syslog。

Ksyms 是核心符号表。

Loadavg 是系统"平均负载"。

Meminfo 是存储器使用信息，包括物理内存和 swap。

Modules 显示当前加载的核心模块。

Net 是网络协议状态信息。

Self 显示查看/proc 的程序的进程目录的符号连接。

Stat 显示系统的不同状态。

Uptime 显示系统启动的时间长度。

Version 是核心版本。

35. /opt

/opt 是用于存放可选择的文件的目录。一些自定义软件包或者第三方工具可以安装在这里。

36. /mnt

/mnt 是临时挂载目录，一般是用于存放挂载储存设备的目录，如磁盘、光驱、网络文件系统等。当需要挂载某个磁盘设备时，可以把磁盘设备挂载到该目录中，这样就可以直接通过访问该目录来访问相应的磁盘了。一般来说，最好是在/mnt 目录下面多建立几个子目录，挂载的时候分别挂载到这些子目录上面，因为通常我们不可能仅仅挂载一个设备。

37. /media

/media 是挂载媒体设备的目录。该目录一般用于外部设备的挂载，如 cdrom 等。如果插入一个 U 盘，Linux 系统会自动在该目录下建立一个 disk 目录，然后把 U 盘挂载到这个 disk 目录上，这样就可以通过访问这个 disk 目录来访问 U 盘。

38. /var

/var 是用于存放内容经常变化的文件的目录。该目录下文件的大小会根据具体情况而改变，如日志文件、缓存文件等，一般都存放在该目录下。

39. /tmp

/tmp 是临时文件目录，用于存放系统中的一些临时文件，这些文件会被系统自动清空。

40. /lost+found

/lost+found 是恢复文件存放的位置。在系统崩溃后，在修复过程中所需要恢复的文件就会存在于该目录下。这个目录一般情况下都为空。

项目二　FTP 服务器的配置与管理

2.1　项 目 描 述

某学院组建了校园网，搭建了学院网站，架设了 Web 服务器，来为学院网站安家。但在网站上传和更新时，需要用到文件上传和下载功能，因此还需要架设 FTP 服务器，为学院内部和互联网用户提供相应的服务。

2.2　项 目 目 标

学习目标

- 掌握 FTP 服务的工作原理
- 掌握配置文件 vsftpd.conf 的主要内容
- 学会基于虚拟用户的 FTP 服务器配置
- 能够独立完成典型的 FTP 服务器配置案例

2.3　相 关 知 识

2.3.1　FTP 服务器的基本概念

FTP 的英文全称是 File Transfer Protocol，中文为文件传输协议。顾名思义，FTP 就是专门用来传输文件的协议。FTP 服务器则是在互联网上依照 FTP 协议，提供文件存储和访问服务的计算机。

FTP 大大简化了文件传输的复杂性，它能够让文件通过网络从一台主机传送到另一台主机上，且不受计算机硬件和操作系统类型的限制。无论是个人主机、服务器、大型机，还是 Linux 和 Windows 操作系统，只要双方都支持 FTP 协议，就可以方便、可靠地进行文件的传送。

2.3.2　FTP 的工作原理

FTP 只提供文件传输的基本服务，其主要功能是减少或消除由于操作系统不同造成的文件不兼容性。FTP 使用客户服务器方式，服务器可以同时为多个客户端提供服务。FTP 的服务进程有主进程(用于接收新的请求)和从属进程(用于处理单个请求)两种。FTP 服务进程的具体工作过程如图 2-1 所示。

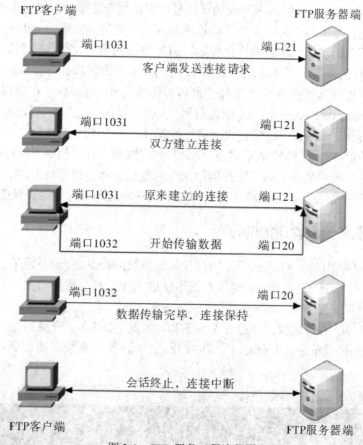

图 2-1　FTP 服务工程流程图

FTP 的工作流程分为以下步骤：

(1) 客户端请求打开熟知端口 21，连接服务器。

(2) 服务器打开熟知端口 21，使客户进程能够连接。

(3) 等待客户进程发出连接请求。

(4) 启动从属进程来处理客户端发出的请求。从属进程对客户端的请求处理完毕后关闭，但从属进程可能在运行期间还创建其他的子进程。

(5) 回到等待状态，继续接受其他客户端发来的请求。

主进程与从属进程的处理是并行的。在进行文件传输时，FTP 的客户端和服务器之间要建立"控制连接"和"数据连接"两个并行的 TCP 连接。控制连接在整个会话期间一直保持打开，FTP 客户端所发出的传送请求通过控制连接发送给服务器端的控制进程，但控制进程并不用来传送文件，实际用于传送文件的是"数据连接"。服务器的控制进程在接收到 FTP 客户端发送的文件传输请求后，就创建"数据传送进程"和"数据连接"，用来连接客户端和服务端的数据传送进程。数据传送进程实际完成文件的传送，在传送完毕后关闭"数据传送连接"并结束运行。由于 FTP 使用一个分离的控制连接，因此 FTP 控制连接是带外传送的。

当客户端进程向服务器进程发出建立连接请求时，要寻找连接服务器进程的熟知端口号 21，同时还要告诉服务器进程自己的熟知端口号 20，并与客户进程提供的端口号码进行连接。由于服务器进程用自己的两个不同的端口号，因此数据连接与控制连接不会发生混乱。

使用两个独立连接的主要好处是：协议更加简单，更容易实现，同时在传输文件时还可以控制连接，例如客户发送请求终止传输。FTP 并非对所有文件传输都是最佳的，比如计算机 A 上运行的程序，要在远地计算机 B 上的大文件末尾添加一行信息，若使用 FTP 则应先将此文件从 B 传送到 A 上，添加信息后再传送到 B，这样就会花费很多时间。网络文件系统(Network File System，NFS)则采用另一种思路。NFS 允许应用进程打开一个远地文件，并且能在该文件的某一特定位置上进行数据读/写。因此利用 NFS，用户可以只复制一个大文件中的很小一个片段，而不需要复制整个文件。对于计算机 A 中的 NFS 客户软件，只需把要添加的数据和文件后面写数据的请求一起发送给远地计算机 B 中的 NFS 服务器，然后 NFS 服务器更新文件后返回应答信息即可，在网络上传送的只是少量的修改数据。

2.3.3　FTP 服务器配置所需的命令

配置 FTP 服务器的命令是 Internet 用户使用最频繁的命令之一。不论是在 Windows 下的 DOS 还是 Linux 操作系统下使用 FTP，都会遇到大量的 FTP 内部命令。以下简单介绍几种常用的 FTP 内部命令：

首先打开终端，在界面模式下打开命令窗口，如图 2-2 所示，在桌面空白处单击右键选择"Open in Terminal"，即打开了 Linux 操作系统下的命令终端。

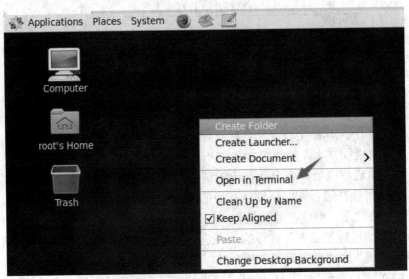

图 2-2　"打开终端"界面

　　进入终端界面后，可以进行相关命令的操作，默认进入的用户是 sun 用户，如图 2-3 所示。如果要进行系统的配置，需要切换到根用户 root 下。

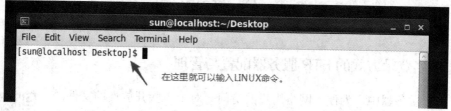

图 2-3　命令终端界面

　　Linux 常规的操作命令如表 2-1 所示。这些命令在 Linux 的日常操作中使用频率较高。

表 2-1　Linux 的常规命令

号	命　令		用　途
1	cd /home		进入/home 目录
2	cd ..		返回上一级目录
3	ls		查看目录中的文件
4	ls -l		显示文件和目录的详细资料
5	ls -a		显示全部文件(包含隐藏文件)
6	cd		进入目录/home/用户
7	mkdir dir1		创建一个叫做 dir1 的目录
8	mkdir dir1 dir2		同时创建 dir1 和 dir2 两个目录
9	rmdir dir1		删除一个叫做 dir1 的目录
10	rm -rf dir1		删除一个叫做 dir1 的目录并同时删除其内容
11	rm -rf dir1 dir2		同时删除两个目录及它们的内容
12	cat file1		显示文件'file1'的内容
13	cat　/proc/cpuinfo		显示 CPU info 的信息
14	cat /proc/meminfo		校验内存使用
15	cat /proc/version		显示内核的版本
16	pwd		显示当前路径的全称
17	vi 文件名		打开文件，并对文件进行查看和编辑
18		a:	编辑模式
19		ESC:	进入命令模式
20	Vi 的常用命令	"ESC"键→: wq	保存文件并退出
21		"ESC"键→q!	不保存文件退出(强制退出)
22		:setnu	显示行号
23		/字符串	从当前位置查找

2.4　任 务 实 施

2.4.1　匿名登录方式的 FTP 服务器配置与管理

在 FTP 服务器中，为便于网络用户的访问，对于一些开放性的文件，可以设置为匿名登录方式。匿名登录是指网络用户访问服务器时，不需要输入用户名和密码，就可以直接读取服务器上的文件。

1. 任务要求

配置 FTP 服务器，要求可以匿名访问，默认根目录为/var/ftp/pub(FTP 服务器默认的目录)，匿名用户可以对共享目录进行浏览及下载、上传和新建文件或目录等。

2. 配置方案

在本配置方案中，由于要安装 FTP 服务，因此需要在连接外部网络的情况下，进行相应的配置，步骤如下：

(1) 安装 FTP 服务，须在连接外部网络的情况下进行安装，直至出现安装成功的提示，命令如下：

```
yum install vsftpd -y
```

(2) 启动 FTP 服务。只有在服务正常安装的情况下，才能启动 FTP，命令如下：

```
service vsftpd start
```

(3) 关闭防火墙，命令如下：

```
service iptables stop
```

(4) 设置 SELinux 的属性为 Permissive，如图 2-4 所示，命令如下：

```
setenforce 0
```

```
[root@localhost Desktop]# getenforce  查看SELinux的属性
Enforcing
[root@localhost Desktop]# setenforce 0  设置SELinux的属性为:Permissive
[root@localhost Desktop]# getenforce
Permissive
```

图 2-4　SELinux 设置

(5) 查看 FTP 服务器的主配置文件 /etc/vsftpd/vsftpd.conf，使匿名用户在主目录下，且可以上传和新建文件夹，命令如下：

```
vi /etc/vsftpd/vsftpd.conf
```

配置文件/etc/vsftpd/vsftpd.conf 中的解释如图 2-5 所示，其中默认是允许匿名登录。

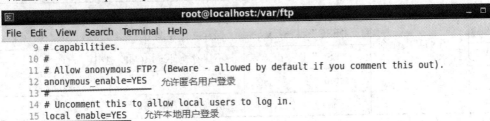

```
16 #
17 # Uncomment this to enable any form of FTP write command.
18 write_enable=YES
19 #
20 # Default umask for local users is 077. You may wish to change this to 022,
21 # if your users expect that (022 is used by most other ftpd's)
22 local_umask=022
23 #
24 # Uncomment this to allow the anonymous FTP user to upload files. This only
25 # has an effect if the above global write enable is activated. Also, you will
26 # obviously need to create a directory writable by the FTP user.
27 anon_upload_enable=YES   允许匿名用户上传文件/文件夹
28 #
29 # Uncomment this if you want the anonymous FTP user to be able to create
30 # new directories.
31 anon_mkdir_write_enable=YES   允许匿名用户新建文件夹
32 #                                          注意：不准匿名用户修改文件名
33 # Activate directory messages - messages given to remote users when they
34 # go into a certain directory.
35 dirmessage_enable=YES
```

图 2-5　查看配置文件 vsftpd.conf

(6) 修改配置文件，使匿名用户在"/var/ftp/pub"目录中可以上传和新建文件夹，修改步骤为：首先，用命令"vi /etc/vsftpd/vsftpd.conf"打开配置文件，并在命令行模式下用":set nu"添加行号；然后在配置文件中添加"anon_upload_enable=YES"(如果配置文件中有此句代码，可以删除此行代码的首字符"#")，如图 2-6 所示。

```
# has an effect if the above global write enable is activated. A
# obviously need to create a directory writable by the FTP user.
#anon_upload_enable=YES   可以直接去掉前面的#
#
```

图 2-6　修改配置文件 vsftpd.conf

(7) 使用"ll /var/ftp"命令，查看"/var/ftp/pub"文件的权限，如图 2-7 所示。

```
[root@localhost ftp]# ll /var/ftp
total 4
drwxr-xr-x. 2 root root 4096 Mar 22  2017 pub
[root@localhost ftp]#
```

图 2-7　查看/var/ftp/pub 权限

由图 2-7 可知，箭头下的第三组用户(也就是匿名用户)没有"w"权限(即写入的权限)，只有"x"权限(即执行权限)，所以我们要给匿名用户添加"w"权限。

(8) 目录"/var/ftp/pub"的匿名用户添加"w"权限，使匿名用户拥有写入权限，命令如下：

　　chmod　777　/var/ftp/pub/

再查看"/var/ftp/pub/"目录的权限，发现其他用户已经添加了"w"权限，如图 2-8 所示。

```
[root@localhost ftp]# chmod 777 /var/ftp/pub/
[root@localhost ftp]# ll
total 4
drwxrwxrwx. 2 root root 4096 Mar 22  2017
[root@localhost ftp]#
```

图 2-8　再次查看/var/ftp/pub/目录的权限

(9) 重启 vsftpd 服务，命令如下：

　　service　vsftpd　restart

(10) 在 Windows 系统下进行测试，方法为：打开任意一个文件夹，在地址栏里输入

ftp://IP(FTP 服务器的 IP 地址)。此案例中为 ftp://192.168.174.132，如图 2-9 所示。

图 2-9　输入 FTP 的 IP 地址

点击回车键就会看到服务器 192.168.174.132 中所有的共享文件夹。在该服务器中，我们只设置了一个共享文件夹——pub 文件夹，如图 2-10 所示。

打开 pub 文件夹，我们就可以对文件夹中的内容根据服务器中设置的权限，进行编辑或只读的操作，如图 2-11 所示。

图 2-10　默认位置的测试　　　　　　　图 2-11　修改后上传测试结果

2.4.2　密码登录方式的 FTP 服务器配置与管理

对于信息保密严格的公司，匿名登录并不能满足公司的要求，采用密码登录文件系统是最为简单的配置方案。

1. 任务要求

本地用户可以使用用户名、密码登录 FTP 服务器，且不允许用户使用匿名方式登录。

2. 配置方案

(1) 安装 FTP 服务。该服务须在连接外部网络的情况下进行安装，直至出现安装成功的提示。命令如下：

```
yum install vsftpd -y
```

(2) 启动 Apache 服务，只有在服务正常安装的情况下，才能启动 Apache 服务。命令如下：

```
service vsftpd start
```

(3) 关闭防火墙，命令如下：

```
service iptables stop
```

(4) 设置 SELinux 的属性为 Permissive，如图 2-4 所示。命令如下：

```
setenforce 0
```

(5) 修改 FTP 服务器的主配置文件 /etc/vsftpd/vsftpd.conf。在配置文件中，当 anonymous_nable=no 时，指不允许用户匿名登录；当 local_enable=YES、local_root=/home 时，则允许本地用户登录，且默认的根目录为用户的家目录，如图 2-12 所示。

```
12 anonymous_enable=no      修改为"no"：不允许匿名登录
13 anon_root=/var/sun
14
15 #
16 # Uncomment this to allow local users to log in.
17 local_enable=YES      允许本地用户登录，默认的根目录为，用户的家目录
18 #local_root=/home      如果添加本行代码，并把#去掉，则根目录变为"/home"
19 #
```

图 2-12 查看配置文件 vi/etc/vsftpd/vsftpd.conf

打开配置文件的命令如下：

vi /etc/vsftpd/vsftpd.conf

(6) 重启 vsftpd 服务的命令如下：

service vsftpd restart

(7) 在 Windows 操作系统下测试，方法为：在文件地址栏中输入 http://192.168.174.132，点击回车键或者在 FTP 窗口下右键单击，选择"登录"，如图 2-13 所示。

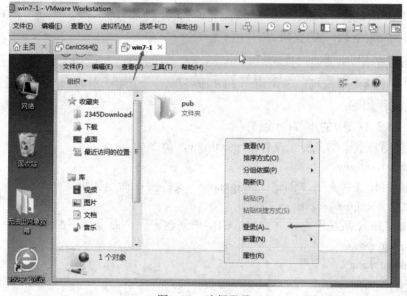

图 2-13 选择登录

在弹出的登录对话框中输入用户名和密码，如图 2-14 所示。如能正确登录，则配置成功。

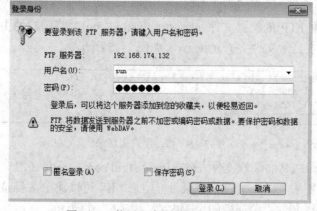

图 2-14 使用账户密码进行登录测试

2.4.3　FTP 服务器配置与管理综合实例

在 2.4.1 小节和 2.4.2 小节，我们分别对匿名登录和密码登录方式进行了 FTP 服务器的配置，但在实际的服务器运维过程中，可能并不会那么简单。本节根据以下任务要求，完成 FTP 服务器的综合配置。

1. 任务要求

本地用户可以使用用户名、密码登录 FTP，不允许使用匿名登录方式，具体要求如下：

(1) 主目录为/var/ftpzw，并在该目录下创建文件夹"gongxiang"；

(2) 创建用户"zhang""wang""li"；

(3) 不允许用户"zhang""wang"跳出主目录之外，浏览服务器上的其他目录；

(4) 用户"li"可以跳出主目录之外，浏览服务器上的其他目录；

(5) 用户"zhang""wang"对"gongxiang"文件夹有"读、写、上传"的权限；而用户"li"只有"读(下载)"的权限。

2. 配置方案

本方案需要两个虚拟机，一个用于 FTP 服务器，一个用于对客户端进行测试。FTP 服务器的配置过程如下：

(1) 同 2.4.2 小节中的步骤(1)至(5)。

(2) 创建用户登录的主目录文件夹/var/ftpzw，命令如下：

```
mkdir /var/ftpzw
```

(3) 在主目录文件夹下，创建"gongxiang"文件夹，命令如下：

```
mkdir /var/ftpzw/gongxiang
```

(4) 添加 Linux 系统用户，并为相应的用户创建密码，命令如下：

```
useradd zhang
passwd zhang
useradd wang
passwd wang
useradd li
passwd li
```

(5) 打开并修改 FTP 的配置文件 /etc/vsftpd/vsftpd.conf，将用户的主目录 local_root 修改为前面所创建的主目录文件夹 /var/ftpzw，如图 2-15 所示。

```
# Uncomment this to allow local users to log in.
local_enable=YES          添加此行代码，作用：用户的主目录修
local_root=/var/ftpzw     改为："/var/ftpzw"
#
```

图 2-15　修改用户主目录

(6) 打开并修改 FTP 的配置文件 /etc/vsftpd/vsftpd.conf，不允许用户"zhang""wang"跳出主目录之外浏览服务器上的其他目录，但用户"li"可以跳出主目录之外，浏览服务器上的其他目录。配置文件相关属性的更改内容，如图 2-16 所示。

```
 95  # directory. If chroot_local_user is YES, then this list becomes a list of
 96  # users to NOT chroot().  箭头指向的三行，前面的#都去掉
 97  chroot_local_user=YES    作用：使所有用户都不能跳出主目录之外浏览
 98  chroot_list_enable=YES   开启"例外"，下面这个文件里的用户，不遵守上一行的规则。
 99  # (default follows)       在本题就是：列表里的用户可以跳出主目录之外浏览
100  chroot_list_file=/etc/vsftpd/chroot_list  设置存放"例外用户"的文件
101  #
```

图 2-16　编辑配置文件/etc/vsftpd/vsftpd.conf

打开配置文件的命令如下：

　　　vi /etc/vsftpd/vsftpd.conf

（7）在目录 /etc/vsftpd 下新建 chroot_list 文件，用于存放"例外用户"。在本实例中，例外用户为"li"，如图 2-17 所示。

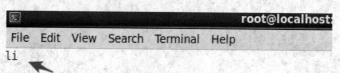

图 2-17　编辑/etc/vsftpd/chroot_list

创建配置文件的命令如下：

　　　vi　/etc/vsftpd/chroot_list

（8）添加组 ftpzw，并将用户"zhang""wang"添加到该组下，其作用就是设置用户对 gongxiang 文件夹具有相同的权限。在终端中的操作命令如图 2-18 所示。

```
[root@localhost vsftpd]# groupadd ftpzw     添加组：ftpzw
[root@localhost vsftpd]# gpasswd -a zhang ftpzw   将用户zhang添加到组ftpzw
Adding user zhang to group ftpzw
[root@localhost vsftpd]# gpasswd -a wang ftpzw   将用户wang添加到组ftpzw
Adding user wang to group ftpzw
```

图 2-18　添加组

（9）进入主目录 /var/ftpzw，修改"gongxiang"文件夹的所属组，命令如下：
在终端中的命令操作方式及其解释如图 2-19 所示。

　　　cd /var/ftpzw/

　　　chown -R root:ftpzw gongxiang

```
[root@localhost vsftpd]# cd /var/ftpzw/   进入主目录
[root@localhost ftpzw]# ll  查看"gongxiang"文件夹的权限和所属组
total 4
drwxr-xr-x. 2 root root 4096 Dec 13 03:20 gongxiang
[root@localhost ftpzw]# chown -R root:ftpzw gongxiang 修改所属组为ftpzw
[root@localhost ftpzw]# ll  再查看
total 4   已经改变
drwxr-xr-x. 2 root ftpzw 4096 Dec 13 03:20 gongxiang
```

图 2-19　修改"gongxiang"文件夹的所属组

（10）修改"gongxiang"文件夹的权限，使"ftpzw"组具有"写"的权限，命令如下：

　　　[root@localhost ftpzw]# chmod 775 gongxiang

　　　[root@localhost ftpzw]# ll

(11) 重启 FTP 服务，命令如下：

```
service vsftpd restart
```

(12) 在 Windows 操作系统下进行测试。本例在 Windows 7 系统中进行测试，方法为：首先在命令提示符下输入 ftp 进行测试，测试用户"zhang"的访问结果及相应解释；再对用户"li"进行相应的测试，如图 2-20 所示。

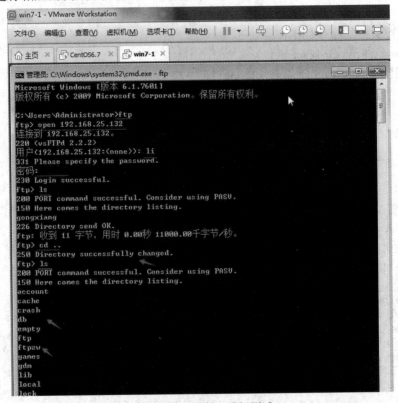

图 2-20　对用户 li 进行测试

(13) 在 FTP 下对相关用户进行测试，方法为：首先在 ftp://192.168.174.132 下对用户"zhang"进行测试，如图 2-21 所示。

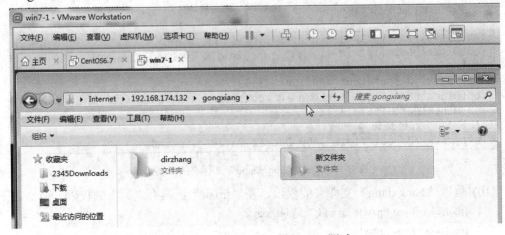

图 2-21　对用户 zhang 进行 FTP 测试

再对用户 li 进行测试，注意权限的区别，如图 2-22 所示。

图 2-22　对用户 li 进行 FTP 测试

2.4.4　设置磁盘配额

在网络用户访问文件服务器的过程中，为防止出现某几个用户就占满整个磁盘的情况，可以限制用户或组使用磁盘的最大值，并为其设置磁盘配额。

1. 任务要求

在 Linux 操作系统下，/home 是独立的文件系统，可为其目录下的用户进行磁盘配额设置。

2. 配置方案

点击应用程序(Application)，选择系统工具(System Tools)，点击终端(Terminal)，就打开了终端即命令窗口界面，如图 2-23 所示。在打开的终端下，使用 su root 命令切换用户，输入 root 账户的密码，登录到根用户 root 下，如图 2-24 所示。

图 2-23　使用菜单项打开命令窗口

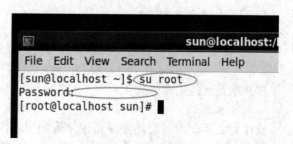

图 2-24　切换到 root 账户下

然后对磁盘进行操作，具体操作步骤如下所述：

(1) 查看磁盘分配情况，使用 fdisk -l 命令列出分区表。在本例中，/dev/sda 的容量为 21.5 GB，其中有 sda1、sda2、sda3 三个分区，如图 2-25 所示。

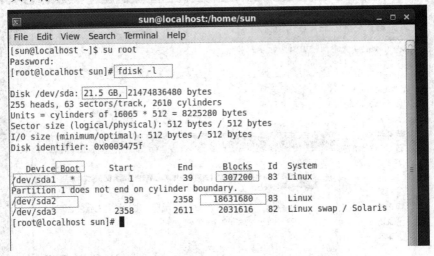

图 2-25　使用 fdisk 命令查看分区

(2) 检查操作系统中是否需要添加配额分区，命令如下：

　　quotacheck –augv

(3) 如果没有配额分区，此时就需要添加；如有，此步骤可省略。添加配额分区的方法为：使用 vi 编辑器打开配置文件 /etc/fstab(其中 /etc/fstab 是系统表)，并在配置文件中添加磁盘配额的目录以及用户和组的磁盘配额。配置文件中并添加内容如图 2-26 所示。编辑完成后单击 Esc 键，再输入 wq，按回车键保存的退出。

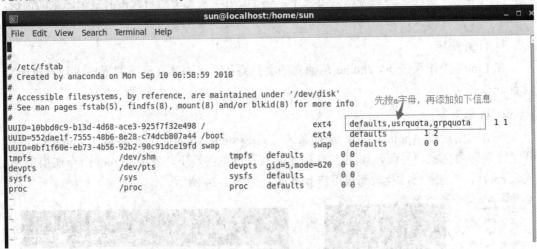

图 2-26　编辑配置文件/etc/fstab

打开配置文件的命令如下：

　　vi /etc/fstab

操作完成后，重新启动操作系统，添加了磁盘配额的磁盘即重新挂载。

(4) 创建磁盘配额文件，其中 aquota.user 为用户磁盘配额文件，aquota.group 为组的磁盘配额文件，命令如下：

```
quotacheck –augvm
```

(5) 设置用户或组的磁盘配额。对用户 sun 设置磁盘配额的命令如下：

```
edquota –u sun
```

其配置文件/home/sun 中的配置信息如图 2-27 所示。

sun@localhost:/home/sun
File Edit View Search Terminal Help
Disk quotas for user sun (uid 500):
Filesystem blocks soft hard inodes soft hard
/dev/sda2 1216 800000 2000000 193 0 0

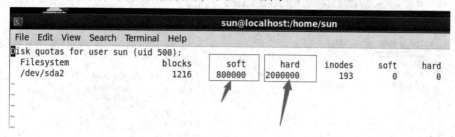

图 2-27　对用户设置磁盘配额

其中 edquota 一些常用命令的解释如下所示：

- soft：设置柔性劝导值。图 2-27 中表示超过 800 MB 后还可以使用，但是有宽限时间。如果超过宽限时间，就会锁住磁盘使用权。
- hard：设置磁盘使用上限。如超过上限值，就会立刻锁住用户磁盘使用权。
- edquota –u 用户名 1：指分配用户 1 的磁盘配额。
- edquota –g 组名 1：指分配组 1 的磁盘配额。
- edquota –p 用户名 1　用户名 2：指将用户名 1 的设置复制给用户名 2。

(6) 使用 quotaon –augv 命令检测磁盘配额启用情况，如图 2-28 所示。

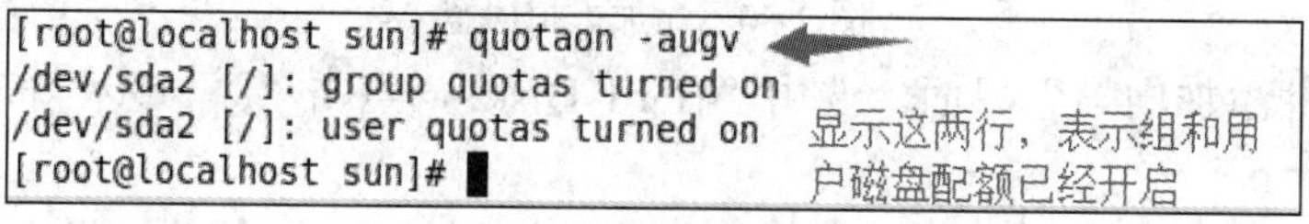

[root@localhost sun]# quotaon -augv
/dev/sda2 [/]: group quotas turned on
/dev/sda2 [/]: user quotas turned on
[root@localhost sun]#
显示这两行，表示组和用户磁盘配额已经开启

图 2-28　检测磁盘配额的启用情况

至此，配置完成。

2.4.5　对非独立目录/home 进行磁盘配额设置

在对 home 目录下设置磁盘配额时，如果系统在分区的时候，没有将其分为独立的文件系统，此时就需要先增加磁盘，转移 /home 文件目录，然后才能设置磁盘配额。使用 df 命令查看文件系统中/home 是否是独立目录，如图 2-29 所示。

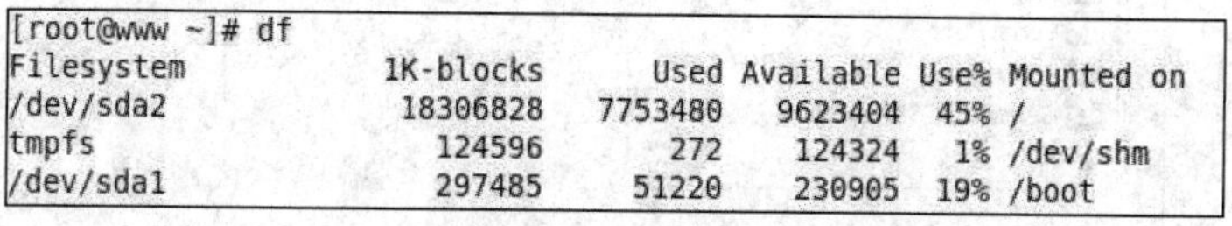

[root@www ~]# df
Filesystem 1K-blocks Used Available Use% Mounted on
/dev/sda2 18306828 7753480 9623404 45% /
tmpfs 124596 272 124324 1% /dev/shm
/dev/sda1 297485 51220 230905 19% /boot

图 2-29　使用 df 命令查看分区

可以看到此时 /home 目录不在当前的目录之下，说明 /home 不是独立的文件系统。由于 quota 命令只能对文件系统进行限制，因此增加磁盘后，需要对文件进行挂载，然后转移 /home 的文件目录，具体操作如下所述：

(1) 在虚拟机中先添加一块虚拟磁盘。如图 2-30 所示，在"虚拟机设置"界面点击 add 按钮。

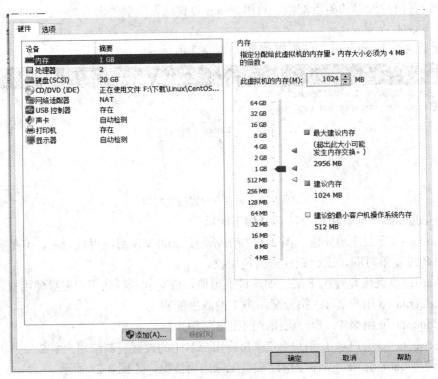

图 2-30　添加虚拟磁盘

进入"硬件添加向导"界面，选中"Hard Disk"，点击"下一步"按钮，如图 2-31 所示。

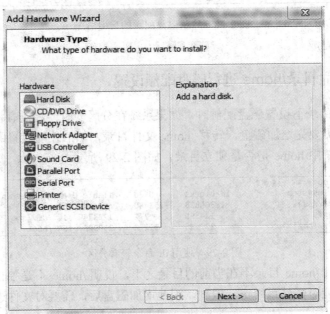

图 2-31　选中 Hard Disk

(2) 在"Select a Disk"界面选择"Create a new virtual disk",并点击"下一步"按钮,如图 2-32 所示。

在"Select a Disk Type"界面选择推荐使用的"SCSI",点击"下一步"按钮,如图 2-33 所示。

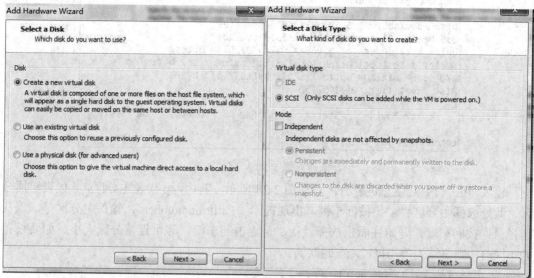

图 2-32　创建虚拟磁盘　　　　　　　　　　图 2-33　选择磁盘类型

(3) 在磁盘容量"Specify Disk Capacity"界面设置最大磁盘大小,如图 2-34 所示。点击"下一步"按钮,进入完成磁盘设置界面,点击"完成"按钮,如图 2-35 所示,其中框内为新添加的磁盘。

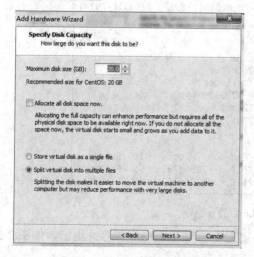

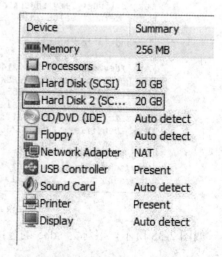

图 2-34　磁盘容量设置　　　　　　　　　　图 2-35　已创建的新磁盘

(4) 在终端命令下,使用 ls 命令查看磁盘分区情况,如图 2-36 所示。

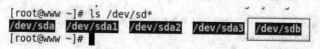

图 2-36　查看所有虚拟机磁盘

(5) 重启操作系统后才能使新添加的磁盘生效。在 Linux 系统的终端中，输入命令 fdisk /dev/sdb2 对/dev/sdb2 进行分区，分区过程如图 2-37 至图 2-39 所示。

首先使用 p 命令显示分区表，如图 2-37 所示。

```
Command (m for help): p

Disk /dev/sdb: 21.5 GB, 21474836480 bytes
255 heads, 63 sectors/track, 2610 cylinders
Units = cylinders of 16065 * 512 = 8225280 bytes
Sector size (logical/physical): 512 bytes / 512 bytes
I/O size (minimum/optimal): 512 bytes / 512 bytes
Disk identifier: 0xb1f57756

    Device Boot      Start         End      Blocks   Id  System

Command (m for help):
```

图 2-37　使用 fdisk 的 p 命令

输入"n"命令对磁盘进行分区，如图 2-38 所示。其中，p 代表主分区，e 代表扩展分区，此处选择主分区"p"；按回车键，出现提示"Partition number"，输入主分区号，默认选择 1；按回车键，开始柱面也选择默认，再点击回车键，即可设置分区大小。如要设置为 10 GB，则语法为"+10G"，在此默认。

```
Command (m for help): n
Command action
   l   logical (5 or over)
   p   primary partition (1-4)
l
First cylinder (1-2610, default 1):
Using default value 1
Last cylinder, +cylinders or +size{K,M,G} (1-2610, default 2610):
Using default value 2610

Command (m for help): p

Disk /dev/sdb: 21.5 GB, 21474836480 bytes
255 heads, 63 sectors/track, 2610 cylinders
Units = cylinders of 16065 * 512 = 8225280 bytes
Sector size (logical/physical): 512 bytes / 512 bytes
I/O size (minimum/optimal): 512 bytes / 512 bytes
Disk identifier: 0xb1f57756

    Device Boot      Start         End      Blocks   Id  System
/dev/sdb1               1        2610    20964793+   5  Extended
/dev/sdb5               1        2610    20964762   83  Linux
```

图 2-38　使用 fdisk 的 n 命令

如图 2-38 所示，名称为 sdb5 的分区已创建完毕。输入 w 命令保存并退出，如图 2-39 所示。

```
Command (m for help): w
The partition table has been altered!

Calling ioctl() to re-read partition table.
Syncing disks.
[root@www ~]#
```

图 2-39　使用 fdisk 的 w 命令

(6) 分区完成后对磁盘进行格式化，格式化的文件形式有 ext3、ext4 和 XFS 三种，在此使用 ext4 格式化磁盘，如图 2-40 所示。

```
Syncing disks.
[root@www ~]# mkfs -t ext4 /dev/sdb5
mke2fs 1.41.12 (17-May-2010)
Filesystem label=
OS type: Linux
Block size=4096 (log=2)
Fragment size=4096 (log=2)
Stride=0 blocks, Stripe width=0 blocks
1310720 inodes, 5241190 blocks
262059 blocks (5.00%) reserved for the super user
First data block=0
Maximum filesystem blocks=0
160 block groups
32768 blocks per group, 32768 fragments per group
8192 inodes per group
Superblock backups stored on blocks:
        32768, 98304, 163840, 229376, 294912, 819200, 884736, 1605632
        4096000

Writing inode tables: done
Creating journal (32768 blocks): done
Writing superblocks and filesystem accounting information: done

This filesystem will be automatically checked every 22 mounts or
180 days, whichever comes first.  Use tune2fs -c or -i to override.
[ root@www:~ ]
```

图 2-40　格式化磁盘

格式化的命令如下：

```
mkfs –t ext4 /dev/sdb5
```

(7) 挂载磁盘，并将原来 /home 里面的资料搬移到 /mnt/thome 中，操作如图 2-41 所示。

```
[root@www ~]# mount /dev/sdb5 /mnt/thome/
[root@www ~]# cp -a /home/* /mnt/thome
[root@www ~]#
```

图 2-41　挂载磁盘并进行资料搬移

(8) 打开并编辑配置文件 /etc/fstab，并在配置文件中进行修改，修改内容如图 2-42 所示。

```
1
2 #
3 # /etc/fstab
4 # Created by anaconda on Tue Feb 21 15:25:42 2012
5 #
6 # Accessible filesystems, by reference, are maintained under '/dev/disk'
7 # See man pages fstab(5), findfs(8), mount(8) and/or blkid(8) for more info
8 #
9 UUID=63c190bd-1f90-466d-af46-0c2edf90f7de /                       ext4      defau
lts       1 1
10 UUID=78b6747d-c38c-4998-bf5e-800c0875cb1d /boot                  ext4      defau
lts       1 2
11 UUID=56c5a400-a289-440f-8786-b0214f1cc96e swap                   swap      defau
lts       0 0
12 tmpfs               /dev/shm            tmpfs     defaults        0 0
13 devpts              /dev/pts            devpts    gid=5,mode=620  0 0
14 sysfs               /sys                sysfs     defaults        0 0
15 proc                /proc               proc      defaults        0 0
16 LABEL=/home         /home         ext4      defaults        1 2
```

图 2-42　编辑配置文件/etc/fstab

(9) 如果 fstab 文件中磁盘名用的是 label，则需要给新建的磁盘添加 label，命令如下：

　　　e2label 　/dev/sdb5/home

设置完成后，使用 dumpe2fs/dev/sdb5 命令查看 label 是否设置成功，如图 2-43 所示。

```
[root@www ~]# e2label /dev/sdb5 /home
[root@www ~]# dumpe2fs -h /dev/sdb5
dumpe2fs 1.41.12 (17-May-2010)
Filesystem volume name:   /home
Last mounted on:          /mnt/thome
Filesystem UUID:          305d7b89-ae5c-4095-8914-be929cedf646
Filesystem magic number:  0xEF53
Filesystem revision #:    1 (dynamic)
Filesystem features:      has_journal ext_attr resize_inode dir_index fi
s_recovery extent flex_bg sparse_super large_file huge_file uninit_bg di
```

图 2-43　查看 label 是否设置成功

(10) 使用 mount -a 命令查看系统是否可以正确挂载，并使用 df 命令查看文件系统，如图 2-44 所示。

```
[root@www ~]# mount -a
[root@www ~]# df
Filesystem        1K-blocks     Used Available Use% Mounted on
/dev/sda2          18306828  7753480   9623404  45% /
tmpfs                124596      272    124324   1% /dev/shm
/dev/sda1            297485    51220    230905  19% /boot
/dev/sdb5          20635668   250708  19336724   2% /mnt/thome
/dev/sdb5          20635668   250708  19336724   2% /home
[root@www ~]#
```

图 2-44　用 df 命令查看文件系统

使用 umount 命令取消 /mnt/thome 的挂载，然后使用 df 命令查看挂载情况，如图 2-45 所示。此时可以看到 /home 已在文件系统的列表中。

```
[root@www ~]# umount /mnt/thome/
[root@www ~]# df
Filesystem        1K-blocks     Used Available Use% Mounted on
/dev/sda2          18306828  7753484   9623400  45% /
tmpfs                124596      272    124324   1% /dev/shm
/dev/sda1            297485    51220    230905  19% /boot
/dev/sdb5          20635668   250708  19336724   2% /home
root@www:~ #
```

图 2-45　取消/mnt/thome 的挂载

到此，我们已经将 /home 目录成功转移，将其设置成了独立的文件系统，后续就可以进行 quota 配额限制了。quota 的磁盘配额操作同 2.4.4 小节。

2.5　知 识 拓 展

2.5.1　Linux 的命令拓展

在 Linux 服务器的配置中，如果能记住一些常规的命令，会使配置过程变得更加简单。在此，展示一些文件与目录的常规操作命令，如表 2-2 所示。

表 2-2 文件与目录操作命令

命　令	解　析
su root	切换到 root 用户
su sun	切换到 sun 用户
cd	进入目录
cd /home	进入"/home"家目录
cd ~	进入"/home"家目录
cd ..	返回上一级目录
cd ../..	返回上两级目录
echo abcdefg > file1	创建文件"file1",内容为"abcdefg"
cp file1 file2	将文件 file1 复制为文件 file2
cp –a dir1 dir2	将目录 dir1 复制为目录 dir2
cp –a /tmp/dir1.	复制目录/tmp/dir1 到当前工作目录(.代表当前目录)
ls	查看当前目录下的文件
ls -a	显示当前目录下的所有隐藏文件
ls -A	显示当前目录下的所有文件,包括隐藏文件
ls -l	显示当前目录下文件的详细信息,列出长数据串,显示出文件的属性与权限等信息
ls -d	仅显示目录本身,而不是列出目录里的内容列表
ls -lrt	按时间显示文件(l 表示详细列表,r 表示反向排序,t 表示按时间排序)
pwd	显示工作路径
mkdir dir1	创建'dir1'目录
mkdir dir1dir2	同时创建 dir1 和 dir2 两个目录
mkdir -p /tmp/dir1/dir2	创建一个目录树/tmp/dir1/dir2
mv dir1 dir2	将目录 dir1 重命名为目录 dir2
rm -f file1	删除文件 file1。
rm -rf dir1	删除 dir1 目录及其子目录内容

常用的文件处理命令如表 2-3 所示。

表 2-3 文件处理命令

命　令	解　析
cat file1	从第一个字节开始正向查看文件 file1 的内容
head -2 file1	查看文件 file1 的前两行
more file1	查看长文件 file1 的内容
tac file1	从最后一行开始反向查看文件 file1 的内容
tail -3 file1	查看文件 file1 的最后三行
vi file1	打开并浏览文件 file1

常用的文本内容处理命令如表 2-4 所示。

表 2-4 文本内容处理命令

命 令		解 析
grep str /tmp/test		在文件 /tmp/test 中查找"str"
grep ^ str/tmp/test		在文件 /tmp/test 中查找以"str"开始的行
grep [0-9] /tmp/test		查找 /tmp/test 文件中所有包含数字的行
grep str-r /tmp/*		在目录/tmp 及其子目录中查找"str"
vi file		打开文件 file
在 vi 编辑器中使用的命令及解释	/abc	查找字符"abc"
	yy	复制光标所在行
	dd	删除光标所在行
	p	在光标的下一行粘贴 yy 命令复制的行
	2yy	复制 2 行
	Wq	保存并退出
	q	退出
	wq!	强制保存并退出
	q!	强制退出

常用的查询操作命令如表 2-5 所示。

表 2-5 查询操作命令

命 令	解 析
find / -name file1	从/开始进入根文件系统查找文件和目录
find /-u ser user1	查找属于用户 user1 的文件和目录
find /home/user1 –name *.bin	在目录 /home/user1 中查找以'.bin'结尾的文件
find /usr/bin –type f –a time+100	查找在过去 100 天内未被使用过的执行文件
find /usr/bin –type f –m time-10	查找在 10 天内被创建或者修改过的文件
locate *.ps	寻找以 .ps 结尾的文件。在使用该命令之前,需要先运行 updatedb 命令
find –name'*.[ch]'|xargsgrep-E'expr'	在当前目录及其子目录的所有 .c 和 .h 文件中查找 'expr'
find –type f –print 0 | xargs –r 0 grep –F'expr'	在当前目录及其子目录的常规文件中查找 'expr'
find –max depth1 –type f | xargsgrep –F'expr'	在当前目录中查找 'expr'

常用的压缩、解压缩命令如表 2-6 所示。

表 2-6 压缩、解压命令

命 令	解 析
bzip2 file1	压缩文件 file1
bunzip2 file1.bz2	解压文件 file1.bz2
gzip file1	压缩 file1
gzip -9 file1	最大程度压缩 file1
gunzip file1.gz	解压文件 file1.gz
tar –cvf archive.tarfile1	把 file1 打包成压缩文件 archive.tar。其中-c:表示建立压缩档案；-v:显示所有过程；-f:表示使用的档案名字，是必需的，也是最后一个参数
tar –cvf archive.tar file1 dir1	把文件 file1、dir1 打包成 archive.tar
tar –tfar chive.tar	显示包 chive.tar 中的内容
tar –xvf archive.tar	释放包 archive.tar 中的所有文件
tar –xvf archive.tar –C /tmp	把压缩包 archive.tar 中的文件释放到/tmp 目录下
zip file1.zip file1	将 file1 的文件创建为 zip 格式的压缩包 file1.zip
zip –r file1.zip file1 dir1	把文件 file1 和目录 dir1 压缩成 zip 格式的压缩包 file1.zip
unzip file1.zip	解压 zip 格式的压缩包 file1.zip 到当前目录下
unzip test.zip –d /tmp/	解压 zip 格式的压缩包 test.zip 到/tmp 目录下

常用的 yum 安装器命令如表 2-7 所示。

表 2-7 yum 安装器的相关命令

命 令	解 析
yum –y install [package]	下载并安装 rpm 包[package]
yum local install [package.rpm]	安装 rpm 包[package.rpm]，使用本地软件仓库解决所有依赖关系
yum –y update	更新当前系统中安装的所有 rpm 包
yum update [package]	更新一个 rpm 包[package]
yum remove [package]	删除一个 rpm 包[package]
yum list	列出当前系统中安装的所有包
yum search [package]	在 rpm 仓库中搜寻软件包[package]
yum clean [package]	清除缓存目录(/var/cache/yum)下的软件包[package]
yum clean headers	删除所有头文件
yum clean all	删除所有缓存的包和头文件

常用的网络相关操作命令如表 2-8 所示。

表 2-8　网络相关命令

命　令	解　析
su root	切换到 root 用户
Ifconfig HWaddr inetaddr Mask	显示和临时修改 IP 地址,其中 HWaddr 是网卡的物理地址,inetaddr 是 IP 地址,Mask 是子网掩码
ifconfig eth0	显示以太网卡 eth0 的配置
ifconfig eth2 192.168.1.1 netmask 255.255.0.0	临时修改网卡 eth2 的 IP 地址等信息
hostname	查看和临时修改主机名
if down eth0	禁用 eth0 网络设备
if up eth0	启用 eth0 网络设备
iwconfig eth1	显示无线网卡 eth1 的配置
iwlist scan	显示无线网络
ip addr show	显示网卡的 IP 地址

每个用户都有自己的文件,默认情况下用户文件不允许其他用户修改。

系统操作的相关命令如表 2-9 所示。

表 2-9　系统相关命令

命　令	解　析
adduser user1	添加用户为 user1 的用户
paasswd user1	为用户 user1 设置密码
su -	切换到 root 权限(与 su 有区别)
shutdown –h now	关机
shutdown –r now	重启
top	罗列使用 CPU 资源最多的 Linux 任务(输入 q 退出)
pstree	以树状图显示程序
manping	查看参考手册,例如 ping 命令
passwd	修改密码
df -h	显示磁盘的使用情况
cal -3	显示前一个月、当前月以及下一个月的月历
cal 101988	显示指定月、年的月历
date–date'1970-01-01UTC1427888888seconds'	把相对于 1970-01-0100:00 的秒数转换成时间

最后介绍常见的 FTP 命令。这些命令在访问 FTP 服务器时会经常用到,如表 2-10 所示。

表 2-10　常见的 FTP 命令及其功能

FTP 命令	功　能	FTP 命令	功　能
ls	显示服务器上的目录	Ls　　[remote-dir] [local-file]	显示远程目录 remote-dir，并存入本地文件 local-file
get　remote　–file [local-file]	从服务器下载指定文件到客户端	mget remote-files	下载多个远程文件(mget 命令允许用通配符下载多个文件)
put　local　–file [remote-file]	从客户端上传指定文件到服务器	mput local-file	将多个文件上传至远程主机(mput 命令允许用通配符上传多个文件)
open	连接 FTP 服务器	mdelete [remote-file]	删除远程主机文件
close	中断与远程服务器的FTP 会话(与 open 对应)	mkdir dir-name	在远程主机中创建目录
openhost [port]	建立指定的 FTP 服务器连接，可指定连接端口	newer file-name	如果远程主机中 file-name 的修改时间比本地硬盘同名文件的时间更近，则重传该文件
cd directory	改变服务器的工作目录	rename [from] [to]	更改远程主机的文件名
lcd directory	在客户端上(本地)改变工作目录	pwd	显示远程主机的当前工作目录
bye	退出 FTP 命令状态	quit	同 bye，退出 FTP 会话
ascii	设置文件传输方式为ASCII 模式	regetremote-file[local-file]	类似于 get 命令，但若local-file 存在，则从上次传输中断处续传
binary	设置文件传输方式为二进制模式	rhelp [cmd-name]	请求获得远程主机的帮助
![cmd[args]]	在本地主机中交互 shell 后退回到 FTP 环境，如:!ls*.zip	rstatus [file-name]	若未指定文件名，则显示远程主机的状态；否则显示文件状态
accout [password]	提供登录远程系统成功后访问系统资源所需的密码	hash	每传输 1024 字节，显示一个 hash 符号(#)
append　local-file [remote-file]	将本地文件追加到远程系统主机上。若未指定远程系统文件名，则使用本地文件名	restart marker	从指定的标志处开始，重新开始，如 restart 130，意为在标记 130 处重新开始

续表

FTP 命令	功　能	FTP 命令	功　能
bye	退出 FTP 会话过程	rmdir dir-name	删除远程主机目录
case	在使用 mget 命令时，将远程主机文件名中的大写字母转为小写字母	size file-name	显示远程主机文件大小，如 size idle7200
cd remote -dir	进入远程主机目录	status	显示当前 FTP 状态
cd up	进入远程主机目录的父目录	system	显示远程主机的操作系统
delete remote -file	删除远程主机文件	user　user-name [password] [account]	向远程主机表明自己的身份。需要密码时就必须输入密码，如 user anonymous my@email
dir　[remote-dir] [local-file]	显示远程主机目录，并将结果存入本地文件	help [cmd]	显示 FTP 内部命令 cmd 的帮助信息，如 help get

2.5.2　vsftpd 配置文件详解

vsftpd 作为一个主打安全的 FTP 服务器，有很多的选项设置。下面介绍 vsftpd 的配置文件列表，其所有配置都是基于 vsftpd.conf 配置文件的。本小节将提供完整的 vsftpd.conf 的中文说明，如表 2-11 所示。本小节内容将有助于读者了解 vsftpd 的配置文件，但遇到具体情况时还需要制定具体的配置方案。

表 2-11　vsftpd 相关的配置文件解析

文　件	解　析
/etc/vsftpd/vsftpd.conf	主配置文件
/usr/sbin/vsftpd	vsftpd 的主程序
/etc/rc.d/init.d/vsftpd	启动脚本
/etc/pam.d/vsftpd	PAM 认证文件。该文件中的 file=/etc/vsftpd/ftpusers 字段，指明阻止来自 /etc/vsftpd/ftpusers 文件中的用户访问 FTP 服务器
/etc/vsftpd/ftpusers	禁止使用 vsftpd 的用户列表文件，记录中存放不允许访问 FTP 服务器的用户名单。管理员可以把一些对系统安全有威胁的用户账号记录在该文件中，以免用户从 FTP 登录后获得大于上传下载操作的权利，从而对系统造成损坏。(注意：在 Linux-4 中，该文件是在/etc/目录下)
/etc/vsftpd/user_list	禁止或允许使用 vsftpd 的用户列表文件。该文件中指定的用户在缺省情况(即在/etc/vsftpd/vsftpd.conf 中设置 userlist_deny=YES)下也不能访问 FTP 服务器。在设置了 userlist_deny=NO 时，仅允许 user_list 中指定的用户访问 FTP 服务器。(注意：在 Linux-4 中，该文件是在/etc/目录下)

文　件	解　析
/var/ftp	匿名用户主目录。本地用户的主目录为/home/用户主目录，即登录后进入自己家的目录
/var/ftp/pub	匿名用户的下载目录。该目录需赋权根 chmod 1777 pub，其中 1 为特殊权限，使上载后无法删除
/etc/logrotate.d/vsftpd.log	vsftpd 的日志文件

vsftpd 的主配置文件为 /etc/vsftpd/vsftpd.conf。在修改该配置文件之前，需要先备份，以防止修改的配置文件有误。

和 Linux 系统中的大多数配置文件一样，vsftpd 的配置文件中以#开始注释，配置文件的具体内容请查看附录。

为了对一些限制和权限控制的选项进行进一步的说明，除了配置文件中的基本设定外，我们还可以在 vsftpd.conf 文件中添加更多的安全选项。其中常用的几个安全选项的设置如下所述：

1. 限制最大连接数和传输速率

在 FTP 服务器的管理中，无论是本地用户还是匿名用户，对于 FTP 服务器资源的使用都需要进行控制，避免由于负载过大造成 FTP 服务器运行异常。可以添加以下配置项对 FTP 客户端使用的 FTP 服务器资源进行控制：

(1) max_client 设置项：用于设置 FTP 服务器所允许的最大客户端连接数，值为 0 时表示不限制。如果 max_client=100，则表示 FTP 服务器的客户端最大连接数不超过 100 个。

(2) max_per_ip 设置项：用于设置对于同一 IP 地址允许的最大客户端连接数，值为 0 时表示不限制。如果 max_per_ip=5，则表示同一 IP 地址的 FTP 客户端与 FTP 服务器建立的最大连接数不超过 5 个。

(3) local_max_rate 设置项：用于设置本地用户的最大传输速率，单位为 B/s，值为 0 时表示不限制。如果 local_max_rate=500 000，则表示 FTP 服务器的本地用户最大传输速率为 500 KB/s。

(4) anon_max_rate 设置项：用于设置匿名用户的最大传输速率，单位为 B/s，值为 0 时表示不限制。如果 ano_max_rate=200 000，则表示 FTP 服务器的匿名用户最大传输速率为 200 KB/s。

2. 指定用户的权限设置

vsftpd.user_list 文件需要与 vsftpd.conf 文件中的配置项结合起来，以实现对 vsftpd.user_list 文件中指定用户账号的访问控制。访问控制的方式主要有以下两种：

1) 设置禁止登录的用户账号

当 vsftpd.conf 配置文件中包括以下设置时，vsftpd.user_list 文件中的用户账号被禁止进行 FTP 登录：

```
userlist_enable=YES
userlist_deny=YES
```

当 userlist_enable 设置为 YES 时，表示 vsftpd.user_list 文件中的用户账号可以进行 FTP 登录；当 userlist_deny 设置为 YES 时，表示 vsftpd.user_list 文件中的用户账号禁止进行 FTP 登录。

2) 设置只允许登录的用户账号

当 vsftpd.conf 配置文件中包括以下设置时，只有 vsftpd.user_list 文件中的用户账号能够进行 FTP 登录：

```
userlist_enable=YES
userlist_deny=NO
```

当 userlist_enable 设置为 YES 时，表示 vsftpd.user_list 文件中的用户可以进行 FTP 登录；当 userlist_deny 设置为 NO 时，表示 vsftpd.usre_list 文件中包括的用户账号可以登录 FTP，文件中未包括的用户账号禁止登录 FTP。

userlist_deny 和 userlist_enable 选项用于限制用户登录 FTP 服务器。userlist_deny 选项和 user_list 文件一起使用时，能有效阻止 root、apache、www 等系统用户登录 FTP 服务器，从而保证 FTP 服务器的分级安全性。两个选项的具体表现形式和两种选项搭配使用方式的效果如表 2-12 所示。

表 2-12　userlist_deny 和 userlist_enabler 的选项限制

Userlist_enable=YES	Ftpusers 中用户允许访问，User_list 中用户允许访问
Userlist_enable=NO	Ftpusers 中用户禁止访问，User_list 中用户允许访问
Userlist_deny=YES	Ftpusers 中用户禁止访问(登录时可以看到密码输入提示，但仍无法访问)，user_list 中用户禁止访问
Userlist_deny=NO	Ftpusers 中用户禁止访问，user_list 中用户允许访问
Userlist_enable=YES 并且 Userlist_deny=YES	Ftpusers 中用户禁止访问，User_list 中用户禁止访问(登录时不会出现密码提示，直接被服务器拒绝)
Userlist_enable=YES 并且 Userlist_deny=NO	Ftpusers 中用户禁止访问，User_list 中用户允许访问

3. 修改默认端口

默认 FTP 服务器端口号是 21。出于安全目的，有时需修改默认端口号，方法为修改配置文件/etc/vsftpd/vsftpd.conf，并添加如下语句：

```
listen_port=4449
```

该语句指定了修改后 FTP 服务器的端口号，该端口号的设置应尽量大于 4000。修改后可通过如下 FTP 网址进行访问：

```
ftp：192.168.57.2：4449
```

注意：FTP 网址后需要加上正确的端口号 4449，否则将不能正常连接。

4. 设置用户组

设置 FTP 用户和用户组，可以有效地管理用户。本书简单说明用户组的技术实现，至于具体如何应用，还要根据具体需求具体对待。以下以创建用户 try1、try2、try3 的用户和用户组为例进行介绍：

(1) 使用命令 mkdir -p /home/try 创建新目录 /home/try。

(2) 使用命令 groupadd try 新建组 try。

(3) 使用命令 useradd -gtry -d /home/try try1 新建用户 try1，并指定家目录和属组。

(4) 使用命令 useradd -gtry -d /home/try try2 新建用户 try2，并指定家目录和属组。

(5) 使用命令 useradd -gtry -d /home/try try3 新建用户 try3，并指定家目录和属组。

(6) 使用命令 passwd try1 为新用户 try1 设密码；

使用命令 passwd try2 为新用户 try2 设密码；

使用命令 passwd try3 为新用户 try3 设密码。

(7) 使用命令 chown try1 /home/try 设置目录属主为用户 try1。

(8) 使用命令 chown try /home/try 设置目录属组为组 try。

(9) 使用命令 chmod 750 /home/try 设置目录访问权限 try1 为读、写、执行，try2、try3 为读、执行。

由于本地用户登录 FTP 服务器后会进入自己的主目录，而 try1、try2、try3 对主目录 /home/try 分配的权限不同，因此通过 FTP 访问的权限也不同，try1 的访问权限为上传、下载、建立目录；try2、try3 的访问权限为下载、浏览，不能建立目录和上传。用户组的设置实现了群组中用户的不同访问级别，加强了对 FTP 服务器的分级安全管理。

5. 连接超时

配置空闲用户的会话中断时间可以有效减少资源浪费。如下配置将会在用户会话空闲 5 分钟后被中断，以释放服务器的资源：

Idle_session_timeout=300

配置空闲数据连接的中断时间可有效释放服务器的资源。如下配置将会在数据空闲连接 1 分钟后被中断：

Data_connection_timeout=60

如下配置将会在客户端空闲 1 分钟后自动中断连接，并在 30 秒后自动激活连接：

Accept_timeout=60

Connect_timeout=30

6. 日志解决方案

vsftpd.conf 中日志的记录方式有如下几种：

以下命令表明 FTP 服务器记录上传下载的情况：

xferlog_enable=YES

以下命令表明将记录的上传下载情况写在 xferlog_file 所指定的文件中，即存放在 xferlog_file 选项指定的文件中：

xferlog_std_format=YES

xferlog_file=/var/log/xferlog

以下命令表示将启用双份日志：

dual_log_enable=YES

vsftpd_log_file=/var/log/vsftpd.log

在用 xferlog 文件记录服务器中上传下载情况的同时将其存放在 vsftpd_log_file 所指定的文件中，即 /var/log/vsftpd.log 也将用来记录服务器的传输情况。

目录 /var/log/xferlog 用于记录 vsftpd 的两个日志文件分析，如表 2-13 所示。

表 2-13　/var/log/xferlog 日志文件中的数据分析和参数说明

记录数据	参数名称	参数说明
ThuSep609:07:482007	当前时间	当前服务器的本地时间，格式为：DDDMMMddhh:mm:ssYYY
7	传输时间	传送文件所用时间，单位为秒
192.168.57.1	远程主机名称/IP	远程主机名称/IP
4323279	文件大小	传送文件的大小，单位为 byte
/home/student/phpMyadmin-2.11.0-all-languages.tar.gz	文件名	传输文件名，包括路径
b	传输类型	传输方式的类型，包括两种：其中 a 表示以 ASCII 方式进行传输，b 表示以二进制文件方式进行传输
-	特殊处理标志	特殊处理的标志位，可能的值包括：_表示不做任何特殊处理，C 表示文件是压缩格式，U 表示文件是非压缩格式，T 表示文件是 tar 格式
i	传输方向	文件传输方向，包括两种：其中 o 表示从 FTP 服务器向客户端传输，i 表示从客户端向 FTP 服务器传输
r	访问模式	用户访问模式，包括：a 匿名用户，g 来宾用户，r 真实用户，即系统中的用户
student	用户名	用户名称
ftp	服务名	所使用的服务名称，一般为 FTP
0	认证方式	认证方式，其中：0 表示无，1RFC931 表示认证
*	认证用户 id	认证用户的 id。如果使用*，则表示无法获得该 id
c	完成状态	传输的状态，其中 c 表示传输已完成，i 表示传输未完成

注：记录内容举例 1：

　　ThuSep609:07:4820077192.168.57.14323279/home/student/phpMyadmin-2.11.0-all-languages.tar.gzb-irstudentftp0*c

　　/var/log/vsftpd.log

　　记录内容举例 2：

　　TueSep 1114:59:032007[pid3460]CONNECT:Client"127.0.0.1"

　　TueSep1114:59:242007[pid3459][ftp]OKLOGIN;Client"127.0.0.1",anonpassword"?"

项目三　Linux 系统网络的配置与管理

3.1　项　目　描　述

作为公司的网络管理员，公司的财务处、计划处和办公室分属不同的三个网段，三个部门之间通过路由器进行信息传递。由于公司内部同时存在使用 Linux 操作系统和 Windows 操作系统的服务器主机，为了实现远程管理服务器，网络管理员建议使用 SecureCRT 软件，使公司计划处的主机能访问财务处的主机，办公室的主机不能访问财务处的主机，但能够进行远程管理。

3.2　项　目　目　标

学习目标

- 掌握用图形界面的方式修改 IP 地址的方法
- 掌握运用命令窗口、修改配置文件来修改 IP 地址的方法
- 掌握运用命令来临时修改 IP 地址的方法
- 掌握远程管理服务器的方法

3.3　相　关　知　识

在局域网中，IP 地址和主机名具有一一映射关系，IP 地址和主机名的设置必须是唯一的，否则就会出现冲突、不能访问网络的情况。在 Linux 操作系统中，可以直接管理 IP 地址和主机名，但对于初学者来说，通过命名模式管理服务器往往会比较困难，因此可以通过第三方软件，比如 SecureCRT 来对 linux 操作系统进行管理。

以下简单介绍 IP 地址、Secure CRT 和主机名的相关知识。

3.3.1　IP 地址简介

IP 地址是指互联网协议地址(英文全称为 Internet Protocol Address，又译为网际协议地址)，是 IP Address 的缩写。IP 地址是 IP 协议提供的一种统一的地址格式，它为互联网上

的每一个网络和每一台主机分配了一个逻辑地址，以此来屏蔽物理地址的差异。

IP 地址分为公有 IP 地址、私有 IP 地址和地址池三种，下面具体加以介绍。

公有 IP 地址也叫全局地址，是指合法的 IP 地址，它是由 NIC(网络信息中心)或者 ISP(网络服务提供商)分配的地址，对外代表一个或多个内部局部地址，是全球统一的可寻址的地址。

私有 IP 地址也叫内部地址，属于非注册地址，专门为组织机构内部使用。因特网分配编号委员会(Internet Assigned Numbles Authority，IANA)保留了三块 IP 地址作为私有 IP 地址，分别为 10.0.0.0～10.255.255.255 网段、172.16.0.0～172.16.255.255 网段、192.168.0.0～192.168.255.255 网段。

地址池由一些外部地址(全球唯一的 IP 地址)组合而成。在内部网络的数据包通过地址转换到达外部网络时，将会在地址池中选择某个 IP 地址作为数据包的源 IP 地址，这样可以有效地利用用户的外部地址，提高访问外部网络的能力。

3.3.2　secureCRT 简介

SecureCRT 是一款支持 SSH(SSH1 和 SSH2)的终端仿真程序，是 Windows 下登录 UNIX 或 Linux 服务器主机的软件。

SecureCRT 不仅支持 SSH，也支持 Telnet 和 rlogin 协议，是用于连接运行包括 Windows、UNIX 和 VMS 的理想工具，通过使用内含的 VCP 命令行程序进行加密文件的传输。Secure CRT 有流行的 CRT Telnet 客户机所有的特点，包括自动注册、对不同主机保持不同的特性，具备打印功能、颜色设置功能和可变的屏幕尺寸，用户可定义键位图，有优良的 VT100、VT102、VT220 和 ANSI，能从命令行或浏览器中运行。

此外，SecureCRT 的 SSH 协议还支持 DES、3DES 和 RC4 密码和 RSA 的鉴别。

3.3.3　主机名

主机名就是计算机的名字，也可称之为计算机名。在局域网内，网上邻居就是根据主机名来识别的，这个名字可以随时更改。另外，在有域控的局域网内，主机名也被称为域名，当主机名映射到 IP 地址时，主机名和 IP 地址之间是一一对应的关系。但在因特网中，Web 服务器的站点都是用主机名进行识别的，此时主机名和 IP 地址之间并不是一一对应的关系。

当 Web 客户机发出到主机的 HTTP 请求时，使用主机名，发出请求的用户可能会指定服务器的 IP 地址，而不是主机名；但这在因特网上并不常见。对于用户来说，使用主机名比 IP 地址更方便，因此公司、组织和个人常常选择 Web 站点的主机名作为用户登录网站的方式。

在因特网中使用 HTTP 请求时，主机名和 IP 地址有以下两种关系：

(1) 一个主机名中的服务可以由多个服务器提供，此时主机名对应多个有不同的 IP 地址。

(2) 具有一个 IP 地址的一台服务器可以提供多个主机名中的服务，此时多个主机名对应一个 IP 地址。这种关系可以通过虚拟主机进行实现。

在 Windows 系统中，主机名可以通过更改我的电脑→属性中的计算机名来进行更改；在 Linux 系统中，主机名可以通过更改配置文件或使用 hostname 命令进行更改。本章后续内容会详细讲解。

3.4 任 务 实 施

3.4.1 使用命令临时修改 IP 地址

在 Linux 系统中，当需要临时修改 IP 地址时，可以使用 Ifconfig 命令进行操作。操作步骤如下：

(1) 使用 su root 切换到 root 用户。

(2) 在终端中使用如下命令修改 IP 地址，其中 eth2 指网卡名，可根据具体情况更改为本机具有的网卡：

　　　ifconfig eth2 192.168.1.123 netmask 255.255.255.0

(3) 使用 ifconfig 命令查看 IP 地址的信息。

3.4.2 使用图形界面修改 IP 地址

使用图形用户界面修改 IP 地址是永久性修改，操作如下所示：

(1) 点击"系统"后选择"Preferences"，点击"Network Connections"进入 IP 修改界面，修改内容如图 3-1 中的箭头所示。

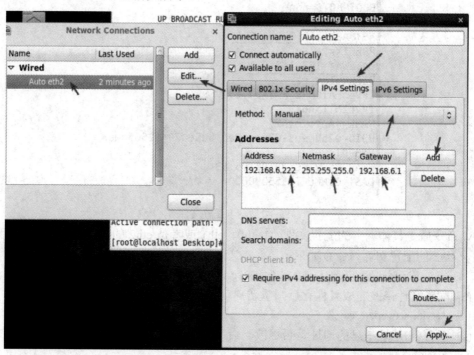

图 3-1　采用图形用户界面的方式设置网络

(2) IP 地址设置完成后，重新启动网络服务，命令如下：

    service network restart

(3) 查看 IP 地址信息是否更改的命令如下：

    ifconfig

3.4.3　使用配置文件修改 IP 地址

Linux 操作系统的 IP 地址也可以通过修改网卡配置文件的方式进行修
改。此方法修改的 IP 地址，重启系统后也不会失效。

1. 任务要求

任务要求在启动 network 服务时启用该网卡，IP 地址为静态 IP 地址，
地址为 192.168.8.188，子网掩码为 255.255.255.0，网关为 192.168.8.1。

2. 操作步骤

在操作之前，需要将用户切换在 root 用户下。

(1) 找到网卡配置文件的位置 /etc/sysconfig/network-scripts，切换到 network-scripts 的
文件目录下，并使用命令 ls 显示该目录下的所有文件，命令如下：

    cd /etc/sysconfig/network-scripts

    ls

(2) 使用 vi 打开网卡配置文件并修改配置文件的内容，如图 3-2 所示。

```
File   Edit   View   Search   Terminal   Help
TYPE=Ethernet
BOOTPROTO=none
IPADDR=192.168.8.188
NETMASK=255.255.255.0
PREFIX=24
GATEWAY=192.168.8.1
DEFROUTE=yes
IPV4_FAILURE_FATAL=yes
IPV6INIT=no
NAME="Auto eth2"
UUID=e259beb3-875c-49e6-8b5e-792f2665aaa
ONBOOT=yes
HWADDR=00:0C:29:96:D5:83
LAST_CONNECT=1552906294
```

图 3-2　网卡配置文件

vi 命令后是具体网卡的配置文件(如 eth0、eth1 或者是 eth2 的配置文件)，如使用 vi 打
开网卡 eth2 的配置文件，命令如下：

    vi /etc/sysconfig/network-scripts/ifcfg-eth2

(3) 配置文件修改完成且保存后，重新启动网络服务，命令如下：

    service network restart

(4) 查看 IP 地址信息的地址是否更改，命令如下：

    ifconfig

3.4.4　SecureCRT 远程管理 CentOS 系统

SecureCRT 可以用于在 Windows 下登录 UNIX 或 Linux 服务器主机，并对 CentOS 系统进行管理。本节具体讲解如何通过 SecureCRT 远程管理 CentOS 系统，具体操作步骤如下：

(1) 查看 IP 地址信息。在终端方式下，使用命令 ip addr 查看 IP 地址信息，如图 3-3所示。

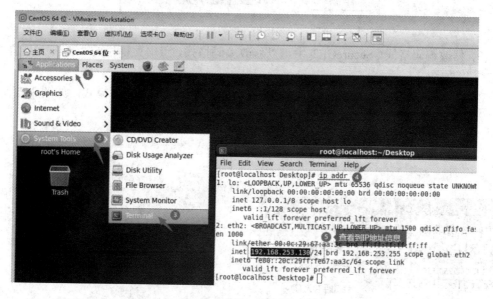

图 3-3　查看 IP 地址信息

(2) 打开 SecureCRT 软件，建立连接，输入 linux 操作系统的 IP 地址、用户名 root，点击"连接"按钮，如图 3-4 所示。

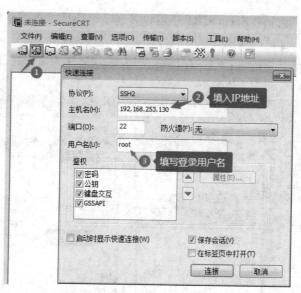

图 3-4　打开 SecureCRT 软件

之后弹出"输入安全外壳密码"的对话框，输入根账户 root 及密码，如图 3-5 所示。

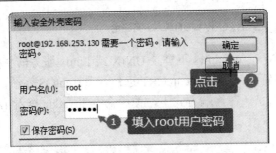

图 3-5　使用用户密码进行登录

(3) 修改编码格式。SecureCRT 中可以修改编码格式，点击菜单栏的"选项"，选择"会话选项"，如图 3-6 所示。

在"外观"中的"字符编码"下拉框中，选择"UTF-8"的编码模式，如图 3-7 所示。设置完成后，点击完成，完成编码格式的设置。

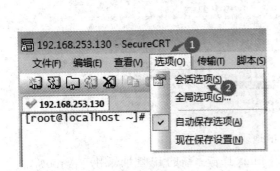

图 3-6　编码格式设置路径

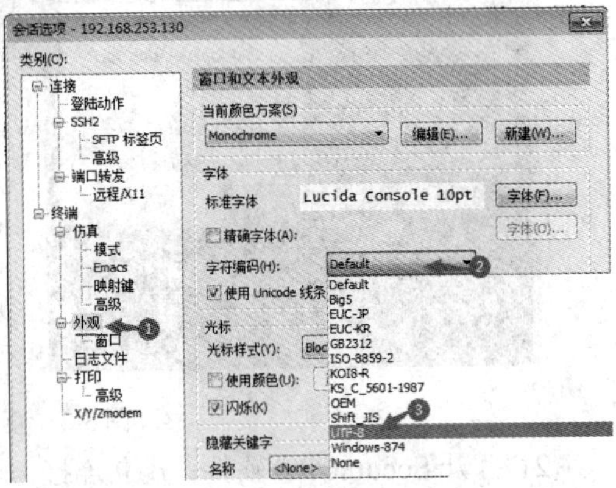

图 3-7　编码格式设置

(4) 设置发送多个会话。SecureCRT 中可以发送多个会话。在菜单栏中，点击"查看"菜单项，选中"交互窗口"，如图 3-8 所示。

此时，就可以看到当前窗口中有分界线，用于区分交互式窗口，在框中右键选择"发送交互到所有标签页"，如图 3-9 所示。

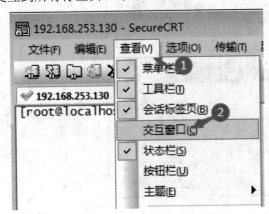

图 3-8　选择会话路径

图 3-9　发送会话

3.4.5 Windows 与 Linux 系统互传文件

在服务器维护过程中，经常会遇到要在 Windows 操作系统的客户端与 Linux 操作系统的服务器之间进行文件交互的情况。如何在两种系统之间进行无障碍的文件传输呢？以下就是使用 SecureCRT 软件实现在两种操作系统文件传输的操作步骤：

(1) 在 SecureCRT 界面显示服务器 IP 地址的一栏上，右键单击，在弹出的菜单栏上选择"connect SFTP Session"，就会弹出 SFTP-IP 的新窗口，如图 3-10 所示。

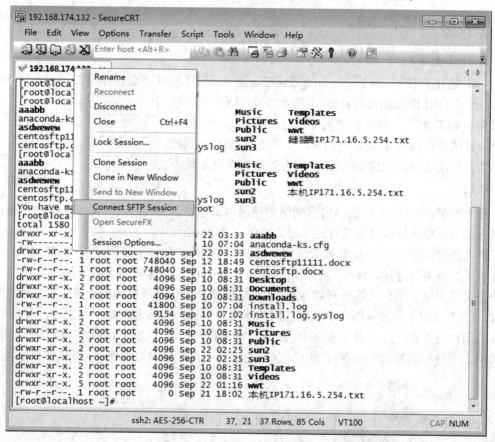

图 3-10 连接 SFTP 会话

(2) 在弹出的 SFTP-IP 新窗口中，直接拖曳文件到空白区域，就将 window 中的文件上传到了 Linux 系统中，如图 3-11 所示。

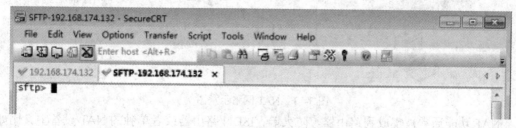

图 3-11 文件上传 Linux 系统

3.5　知识拓展

在 1.5 节中，本书讲解了虚拟机的三种网络模式，其中有一种网络模式为 NAT，即网络转换模式。为拓展 Linux 的网络知识，提高网络认知能力，本节会详细讲解 NAT 的基本原理、分类、应用、主机名与 IP 地址的关系等相关内容。

3.5.1　NAT 的基本原理

1. NAT 概述

NAT 是 IETF(Internet Engineering Task Force，网络工程任务组)的标准，允许一个整体机构以一个公用 IP(Internet Protocol)地址出现在网络上。顾名思义，NAT 就是一种可以把内部私有网络地址(IP 地址)翻译成合法公有网络 IP 地址的技术，如图 3-12 所示。因此可以认为，NAT 在一定程度上，能够有效解决公网地址不足的问题。

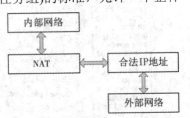

图 3-12　NAT 网络的简易流程

简单地说，NAT 在局域网内部网络中使用内部地址，而当内部节点要与外部网络进行通讯时，NAT 就在网关(可以理解为出口)处将内部地址替换成公网地址，从而在外部公网上正常使用。NAT 可以使多台计算机共享网络连接，这一功能很好地解决了公共 IP 地址紧缺的问题。通过这种方法，一个公司只申请一个合法的公网 IP 地址，就可以把整个公司局域网中的计算机接入网络中。此时，NAT 屏蔽了内部网络，所有内部网计算机对于公共网络来说是不可见的，而内部网计算机用户通常不会意识到 NAT 的存在，如图 3-13 所示。这里提到的内部地址，是指在内部网络中分配给节点的私有 IP 地址。这个地址只能在内部网络中使用，不能被路由转发。

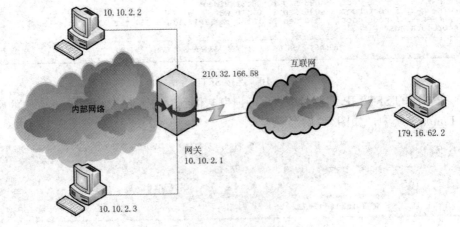

图 3-13　NAT 网络示意图

NAT 功能通常被集成到路由器、防火墙、ISDN 路由器或者单独的 NAT 设备中。比如思科路由器中就已经加入这一功能，网络管理员只需在路由器的 IOS 中设置 NAT 功能，就可以实现对内部网络的屏蔽。再比如防火墙将 Web 服务器的内部地址 192.168.1.1 映射为外部地址 202.96.23.11，外部访问 202.96.23.11 地址实际上就是访问 192.168.1.1。此外，对于资金有限的小型企业来说，现在通过软件也可以实现这一功能。

2. NAT 的工作原理

当私有网主机和公共网主机通信的 IP 包经过 NAT 网关时，NAT 网关会将 IP 包中的源 IP 或目的 IP 在私有 IP 和 NAT 的公共 IP 之间进行转换。如图 3-14 所示，NAT 网关有两个网络端口，其中公共网络端口的 IP 地址是统一分配的公共 IP，为 202.20.65.5；私有网络端口的 IP 地址是保留地址，为 192.168.1.1。私有网中的主机 192.168.1.2 向公共网中的主机 202.20.65.4 发送了 1 个 IP 包(Dst=202.20.65.4，Src=192.168.1.2)。

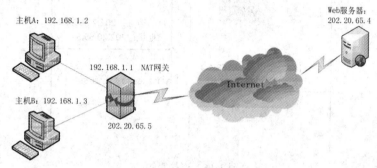

图 3-14　NAT 地址转换拓扑图

当 IP 包经过 NAT 网关时，NAT 网关会将 IP 包的源 IP 转换为公共 IP 并转发到公共网，此时 IP 包(Dst=202.20.65.4，Src=202.20.65.5)中已经不含任何私有网 IP 的信息。由于 IP 包的源 IP 已经被转换成 NAT 网关的公共 IP，Web 服务器发出的响应 IP 包(Dst=202.20.65.5，Src=202.20.65.4)将被发送到 NAT 网关。

这时，NAT 网关会将 IP 包的目的 IP 转换成私有网中主机的 IP，然后将 IP 包(Des=192.168.1.2，Src=202.20.65.4)转发到私有网。对于通信双方而言，这种地址的转换过程是完全透明的。转换示意图如图 3-15 所示。

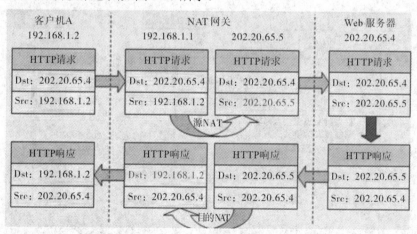

图 3-15　NAT 网络地址转换

如果内网主机发出的请求包未经过 NAT，那么当 Web 服务器收到请求包时，回复的响应包中的目的地址就是私有网络 IP 地址，在网络上无法正确送达，导致连接失败。

在上述过程中，NAT 网关在收到响应包后，需要判断将数据包转发给谁。此时如果子网内仅有少量客户机，可以用静态 NAT 手工指定；但如果内网有多台客户机，并且各自访问不同网站，则需要连接跟踪(Connection Track)，如图 3-16 所示。

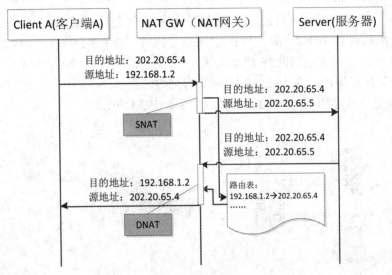

图 3-16　连接跟踪

NAT 网关收到客户机发来的请求包后，会对其进行源地址转换，并且将该连接记录保存下来；当 NAT 网关收到服务器来的响应包后，可通过查找跟踪表确定转发目标，进行目的地址转换并转发给客户机。

以上述客户机访问服务器为例，当仅有一台客户机访问服务器时，NAT 网关只需更改数据包的源 IP 或目的 IP 即可正常通讯。但是如果客户机 A 和客户机 B 同时访问 Web 服务器，那么当 NAT 网关收到响应包的时候，就无法判断将数据包转发给哪台客户机，如图 3-17 所示。

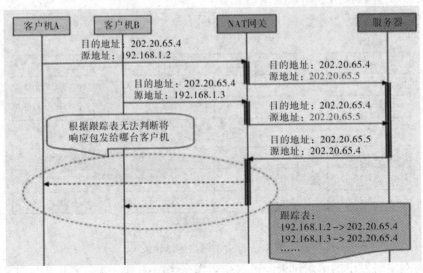

图 3-17　端口转换

　　此时，NAT 网关会在连接跟踪中加入端口信息加以区分。如果两客户机访问同一服务器的源端口不同，那么在跟踪表里加入端口信息即可区分；如果源端口正好相同，那么在实行 SNAT 和 DNAT 的同时对源端口也要做相应的转换，如图 3-18 所示。

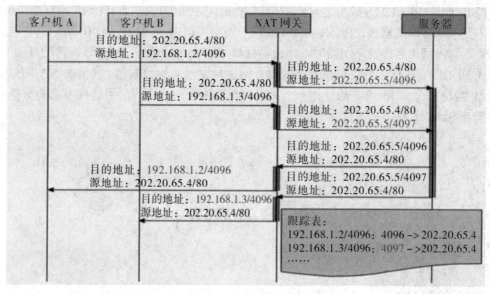

图 3-18　SNAT 和 DNAT 的转换

3. NAT 的类型

　　从 NAT 的基本原理划分，可将其分为静态 NAT(Static NAT)、动态地址 NAT(Pooled NAT)、网络地址端口转换 NAPT(Port-Level NAT)三种，如图 3-19 所示。

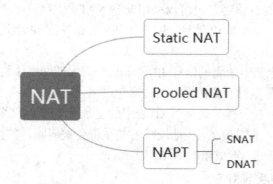

图 3-19　NAT 的三种类型

1) 静态 NAT

　　静态 NAT 是指通过手动设置，使网络客户进行的通信能够映射到某个特定的私有网络地址和端口。如果想让连接在网络上的计算机能够使用某个私有网络上的服务器(如网站服务器)以及应用程序(如游戏)，那么静态映射是必需的。静态映射不会从 NAT 转换表中删除。

　　如果 NAT 转换表中存在某个映射，那么 NAT 只是单向地从网络向私有网络传送数据。这样，NAT 就为连接到私有网络的计算机提供了某种程度的保护。但是，如果考虑到网络的安全性，NAT 还需配合全功能的防火墙一起使用。

对于如图 3-20 所示的网络拓扑图，当内网主机 10.1.1.1 要与外网主机 201.0.0.11 通信时，主机 Host A(IP 为 10.1.1.1)的数据包经过路由器时，路由器通过查找 NAT 表将 IP 数据包的源 IP 地址(10.1.1.1)改成与之对应的全局 IP 地址(201.0.0.1)，而目标 IP 地址 201.0.0.11 保持不变，这样，数据包就能到达 201.0.0.11。而当主机 Host B(IP 为 201.0.0.11)响应的数据包到达与内网相连接的路由器时，路由器同样查找会 NAT 表，将 IP 数据包的目的 IP 地址改成 10.1.1.1，这样内网主机就能接收到外网主机发过来的数据包。在静态 NAT 方式中，内部 IP 地址与公有 IP 地址是一种一一对应的映射关系。所以，采用这种方式的前提是，公司能够申请到足够多的全局 IP 地址。

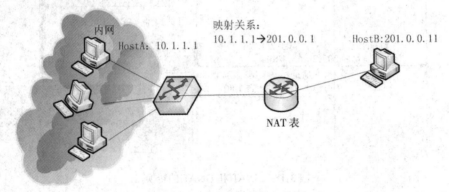

图 3-20　静态 NAT 网络拓扑图

2) 动态 NAT

动态 NAT 只是转换 IP 地址，它为每一个内部 IP 地址分配一个临时的外部 IP 地址，主要应用于拨号；频繁的远程连接也可以采用动态 NAT。当远程用户连接上之后，动态地址 NAT 就会分配给它一个外部 IP 地址。用户断开后，该外部 IP 地址会被释放，留待以后使用。

动态 NAT 方式适合于申请到的全局 IP 地址较少而内部网络主机较多的公司，且内网主机 IP 与全局 IP 地址是多对一的关系。当数据包进出内网时，具有 NAT 功能的设备对 IP 数据包的处理与静态 NAT 一样，只是 NAT 表中的记录是动态的。若内网主机在一定时间内没有和外部网络通信，有关它的 IP 地址映射关系将会被删除，并且会把该全局 IP 地址分配给新的 IP 数据包使用，形成新的 NAT 表映射记录。

3) 网络地址端口转换 NAPT

网络地址端口转换 NAPT(英文全称为 Network Address Port Translation)则是把内部地址映射到外部网络的一个 IP 地址的不同端口上，它可以将中小型的网络隐藏在一个合法的 IP 地址后面。NAPT 与动态地址 NAT 不同，它将内部连接映射到外部网络中的一个单独的 IP 地址上，同时在该地址上加上一个由 NAT 设备选定的端口号。

NAPT 是使用的最为普遍的一种转换方式，它又包含 SNAT 和 DNAT 两种转换方式。

(1) SNAT。SNAT 英文为 Source NAT，即源 NAT，是指修改数据包的源地址。SNAT 改变第一个数据包的来源地址，它永远会在数据包发送到网络之前完成，其结构如图 3-21 所示。

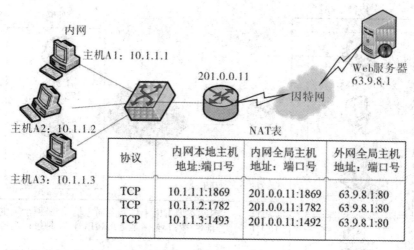

图 3-21　SNAT 网络拓扑图

对于如图 3-21 所示的网络拓扑图，内网的主机数量比较多，但是该组织只有一个合法的 IP 地址。当内网主机(10.1.1.3)往外发送数据包时，则需要修改数据包的 IP 地址和 TCP/UDP 端口号，例如将：

源 IP：10.1.1.3

源端口：1493

改成：

源 IP：201.0.0.1

源端口：1492(注意：源端口号可以与原来的一样也可以不一样)

当外网主机(201.0.0.11)响应内网主机(10.1.1.3)时，则将：

目的 IP：201.0.0.1

目的端口：1492

改成：

目的 IP：10.1.1.3

目的端口：1493

因此，通过修改 IP 地址和端口就可以使内网中所有的主机都能访问外网。此类 NAT 适用于组织或机构内只有一个合法的 IP 地址的情况，也是动态 NAT 的一种特例。

(2) DNAT。

DNAT 英文为 Destination NAT，即目的 NAT，是指修改数据包的目的地址。DNAT 刚好与 SNAT 相反，它是改变第一个数据包的目的地址，如平衡负载、端口转发和透明代理就属于 DNAT。

DNAT 适用于内网的某些服务器需要为外网提供某些服务的情况。例如图 3-22 所示的拓扑结构为例，内网服务器群(IP 地址分别为 10.1.1.1、10.1.1.2、10.1.1.3 等)需要为外网提供 Web 服务，当外网主机 Host B 访问内网时，所发送的数据包的目的 IP 地址为 10.1.1.127，端口号为 80。当该数据包到达内网连接的路由器时，路由器会查找 NAT 表，通过修改目的 IP 地址和端口号，将外网的数据包平均发送到不同的主机上(10.1.1.1、10.1.1.2、10.1.1.3 等)，这样就实现了负载均衡。

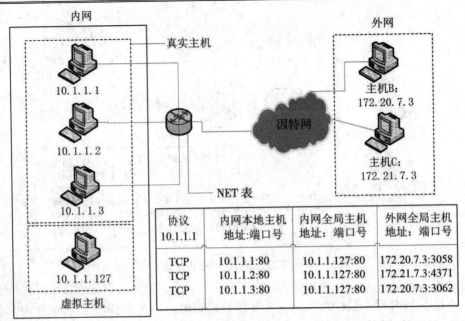

图 3-22   DNAT 网络拓扑结构

3.5.2   NAT 的实现

从 NAT 的实现技术分类，可将其分为全锥 NAT、限制性锥 NAT、端口限制性锥 NAT
和对称 NAT。

1. 全锥 NAT

全锥 NAT(Full Cone NAT)是指一旦一个内部地址(iAddr:port1)映射到外部地址
(eAddr:port2)，所有发自内部地址 iAddr:port1 的包都经由外部地址 eAddr:port2 向外发送。
任意外部主机都能通过给 eAddr:port2 发包到达 iAddr:port1，其信息发送过程如图 3-23
所示。

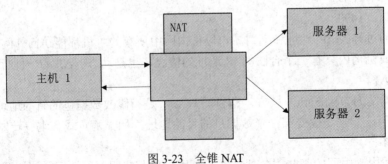

图 3-23   全锥 NAT

2. 限制性锥 NAT

限制性锥 NAT(Address-Restricted Cone NAT)是指一旦一个内部地址(iAddr:port1)映射
到外部地址(eAddr:port2)，所有发自 iAddr:port1 的包都经由 eAddr:port2 向外发送。任意外
部主机都能通过给 eAddr:port2 发包到达 iAddr:port1 的前提是：iAddr:port1 之前发送过包到
任意外部主机。任意是指端口不受限制，如图 3-24 所示。

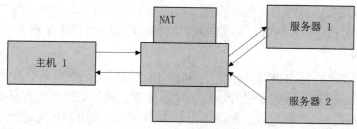

图 3-24　限制性锥 NAT

3. 端口限制性锥 NAT

端口限制性锥 NAT(Port Restricted Cone NAT)与限制性锥 NAT 类似，只是多了端口号的限制。它是指一旦一个内部地址(iAddr:port1)映射到外部地址(eAddr:port2)，所有发自 iAddr:port1 的包都经由 eAddr:port2 向外发送。一个外部主机(hostAddr:port3)能够发包到达 iAddr:port1 的前提是：iAddr:port1 之前发送过包到 hostAddr:port3，其信息发送过程如图 3-25 所示。

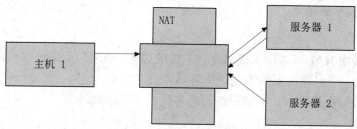

图 3-25　端口限制性锥 NAT

4. 对称 NAT

对称 NAT(Symmetric NAT)是指每一个来自相同内部 IP 与端口到一个特定目的地址和端口的请求，都会映射到一个独特的外部 IP 地址和端口。同一内部 IP 与端口发到不同的目的地和端口的信息包，都使用不同的映射。只有曾经收到过内部主机数据包的外部主机，才能够把数据包发回，如图 3-26 所示。

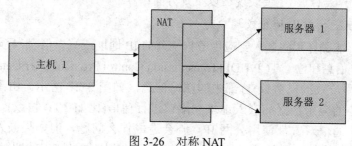

图 3-26　对称 NAT

3.5.3　NAT 的应用及不足

1. NAT 的应用

NAT 主要用于实现数据包伪装、端口转发、平衡负载、失效终结和透明代理等功能。

1) 数据伪装

数据伪装是指 NAT 可以将内网数据包中的地址信息更改成统一的对外地址信息，不让内网主机直接暴露在因特网上，保证内网主机的安全。同时，该功能也常用来实现共享上网。例如，内网主机访问外网时，为了隐藏内网拓扑结构，可使用全局地址替换私有地址。

2) 端口转发

端口转发是指当内网主机对外提供服务时，由于使用的是内部私有 IP 地址，外网无法直接访问。因此，需要在网关上进行端口转发，将特定服务的数据包转发给内网主机。例如公司员工小李在自己的服务器上架设了一个 Web 网站，他的 IP 地址为 192.168.0.5，使用默认端口 80，现在他想让局域网外的用户也能直接访问他的 Web 站点。利用 NAT 即可很轻松地解决这个问题，服务器的 IP 地址为 210.59.120.89，那么为小李分配一个端口，例如 81，即所有访问 210.59.120.89:81 的请求都自动转向 192.168.0.5:80，而且这个过程对用户来说是透明的。

3) 负载平衡

目的地址转换 NAT 可以重定向一些服务器的连接到其他随机选定的服务器。例如 3.5.1 节所讲的目的 NAT 的例子。

4) 失效终结

目的地址转换 NAT 可以用来提供高可靠性的服务。如果一个系统有一台通过路由器访问的关键服务器，一旦路由器检测到该服务器宕机，它可以使用目的地址转换 NAT 透明地把连接转移到备份服务器上，提高系统的可靠性。

5) 透明代理

如果自己架设的服务器空间不足，需要将某些链接指向存在另外一台服务器的空间；或者某台计算机上没有安装 IIS 服务，但是却想让网友访问该台计算机上的内容，就可以利用 IIS 的 Web 站点的重定向功能解决。

2. NAT 的缺陷

NAT 在最开始的时候是非常完美的，但随着网络的发展，各种新的应用层出不穷，此时 NAT 也暴露出了缺点，主要表现在以下几方面：

1) 不能处理嵌入式 IP 地址或端口

NAT 设备不能翻译那些嵌入到应用数据部分的 IP 地址或端口信息，只能翻译正常位于 IP 首部中的地址信息和位于 TCP/UDP(Transmission Control Protocol/User Datagram Protocol，传输控制协议/用户数据报协议)首部中的端口信息，如图 3-27 所示。由于对方会使用接收到的数据包中的应用数据的嵌入地址和端口进行通信(比如 FTP 协议)，因此可能产生连接故障。如果通信双方都使用公网 IP，不会造成什么问题，但如果嵌入式地址和端口是内网的，显然连接就不可能成功。MSN Messenger(微软公司推出的即时通讯软件)的部分功能就使用这种方式来传递 IP 和端口信息，导致 NAT 的客户端网络应用程序出现连接故障。

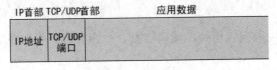

图 3-27　IP 数据报示意图

一些 NAT 服务为了适应更多的场景,提供了对多种协议的适配,比如支持 FTP、SCTP、IMCP、DNS 等,这种技术称为 ALG(Application Level Gateway,应用层网关),即在应用层对 IP 和端口做一定的抽取工作,并生成 NAT 映射表记录。但这些却大大增加了 NAT 的复杂度,特别是自定义协议的情况下,要考虑更为复杂的机制来穿透 NAT。

2) 不能从公网访问内部网络服务

由于内网是私有 IP,因此不能直接从公网访问内部网络服务,如 Web 服务。对于这个问题,可以采用建立静态映射的方法来解决。比如有一条静态映射记录,是把218.70.201.185:80 与 192.168.0.88:80 映射在一起的。当公网用户要访问内部 Web 服务器时,它就首先连接到 218.70.201.185:80,然后 NAT 设备把请求传给 192.168.0.88:80,192.168.0.88再把响应返回 NAT 设备,由 NAT 设备传给公网访问用户。

有一些应用程序虽然是用 A 端口发送数据的,但却要用 B 端口进行接收。但 NAT 设备翻译时却不知道这一点,它仍然会建立一条针对 A 端口的映射。结果对方响应的数据要传给 B 端口时,NAT 设备就找不到相关映射条目而会丢弃数据包。

3) 一些 P2P 应用在 NAT 后无法进行

对于那些没有中间服务器的纯 P2P 应用(如电视会议、娱乐等)来说,如果这些应用都位于 NAT 设备之后,双方是无法建立连接的。因为没有中间服务器的中转,NAT 设备后的 P2P 程序在 NAT 设备上是不会有映射条目的。也就是说,对方不能向你发起一个连接。

此外,NAT 设备会对数据包进行编辑和修改操作,降低了发送数据的效率。而且由于增加了技术的复杂性,排错也变得困难。

3.5.4　NAT 穿透

NAT 不仅能实现地址转换,完美地解决了 IP 地址不足的问题同时还起到防火墙的作用,有效避免来自网络外部的攻击,隐藏内部网络的拓扑结构,保护内部主机。因此对于外部主机来说,内部主机是不可见的。但是,对于 P2P 应用来说,却要求能够建立端到端的连接,所以如何穿透 NAT 也是 P2P 技术中的一个关键。

服务器(Server)(129.208.12.38)是公网上的服务器;NAT-A 和 NAT-B 是两个 NAT 设备,它们具有若干个合法的公网 IP。在 NAT-A 阻隔的私有网络中有若干台客户端主机(ClientA-1,ClientA-N),在 NAT-B 阻隔的私有网络中也有若干台客户端主机(ClientB-1,ClientB-N)。

假设主机 ClientA-1 和主机 ClientB-1 都和服务器 Server 建立了"连接",如图 3-28所示。

由于 NAT 的透明性,因此 ClientA-1 和 ClientB-1 不用关心和 Server 通信的过程,它们只需要知道 Server 开放服务的地址和端口号即可。根据图 3-28 所示,假设在 ClientA-1 中有进程使用套接字 socket(192.168.0.2:7000)和 Server 通信,在 ClientB-1 中有进程使用socket(192.168.1.12:8000)和 Server 通信。它们通过各自的 NAT 转换后分别变成了socket(202.103.142.29:5000)和 socket(221.10.145.84:6000)。

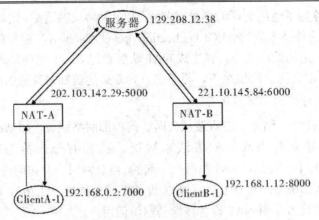

图 3-28　　NAT 穿透示意图

通常情况下，当进程使用 UDP 和外部主机通信时，NAT 会建立一个会话(Session)。这个会话能够保留多久并没有标准，或许几秒，或许几分钟，或许几个小时。假设 ClientA-1 在应用程序中看到了 Client B-1 在线，并且想和 Client B-1 通信，一种办法是 Server 作为中间人，负责转发 Client A-1 和 Client B-1 之间的消息，但是这样就会造成服务器负载过重；另一种方法就是让 Client A-1 与 Client B-1 建立端到端的连接，然后让它们自己进行通信，这也就是 P2P 连接。

根据不同类型的 NAT，下面分别进行讲解。

1. 全锥 NAT

穿透全锥型 NAT 很容易，根本称不上穿透。因为全锥型 NAT 将内部主机映射到确定地址，不会阻止从外部发送连接请求，所以可以不用任何辅助手段就可以建立连接。

2. 限制性锥 NAT 和端口限制性锥 NAT(简称限制性 NAT)

穿透限制性锥 NAT 会丢弃它未知的源地址发向内部主机的数据包，所以如果现在 ClientA-1 直接发送 UDP 数据包到 Client B-1，那么数据包将会被 NAT-B 丢弃。故可采用下面的方法来建立 Client A-1 和 Client B-1 之间的通信：

(1) Client A-1(202.103.142.29:5000)发送数据包给 Server，请求和 Client B-1(221.10.14 5. 84:6000)通信。

(2) Server 将 Client A-1 的地址和端口(202.103.142.29:5000)发送给 Client B-1，告诉 Client B-1 Client A-1 想和它通信。

(3) Client B-1 向 Client A-1(202.103.142.29:5000)发送 UDP 数据包。当然这个包在到达 NAT-A 的时候，还是会被丢弃，这并不是关键，因为发送这个 UDP 包只是为了让 NAT-B 记住这次通信的目的地址——端口号。当下次以这个地址和端口为源的数据到达时，就不会被 NAT-B 丢弃，这样就在 NAT-B 上打通了从 Client B-1 到 Client A-1 的通道。

(4) 为了让 Client A-1 知道什么时候才可以向 Client B-1 发送数据，Client B-1 在向 Client A-1(202.103.142.29:5000)打通通道之后还要向 Server 发送一个消息，告诉 Server 它已经准备好了。

(5) Server 发送一个消息给 Client A-1，内容为：Client B-1 已经准备好了，可以向 Client B-1 发送消息了。

(6) Client A-1 向 Client B-1 发送 UDP 数据包。这个数据包不会被 NAT-B 丢弃，以后 Client B-1 向 Client A-1 发送的数据包也不会被 Client A-1 丢弃，因为 NAT-A 已经知道是 Client A-1 首先发起的通信。至此，Client A-1 和 Client B-1 就可以进行通信了。

使用 TCP 协议穿透 NAT 的方式和使用 UDP 协议穿透 NAT 的方式几乎一样，没有什么本质上的区别，只是将无连接的 UDP 变成了面向连接的 TCP。值得注意的是：

(1) Client B-1 在向 Client A-1 打开通道时，发送的 SYN 数据包同样会被 NAT-A 丢弃，同时 Client B-1 需要在原来的 socket 上监听。由于重用 socket，因此需要将 socket 的属性设置为 SO_REUSEADDR。

(2) Client A-1 向 Client B-1 发送连接请求时，由于 Client B-1 到 Client A-1 方向的通道已经打好，因此连接会成功。经过三次握手后，Client A-1 到 Client B-1 之间的连接就建立起来了。

3. 对称 NAT

上面讨论的都是怎样穿透锥(Cone)NAT，对称 NAT 和锥 NAT 很不一样。对于对称 NAT，当一个私网内主机和外部多个不同主机通信时，对称 NAT 并不会像锥 NAT 那样分配同一个端口，而是会新建立一个会话，重新分配一个端口。

参考上面穿透限制性锥 NAT 的过程，在步骤(3)时，Client B-1(221.10.145.84:6000)向 Client A-1 打开通道时，对称 NAT 将给 Client B-1 重新分配一个端口号，而这个端口号对于 Server、Client B-1、Client A-1 来说都是未知的。同样，Client A-1 根本不会收到这个消息；在步骤(4)，Client B-1 发送给 Server 的通知消息中，Client B-1 的 socket 依旧是 (221.10.145.84:6000)；在步骤(6)时，Client A-1 向它所知道但错误的 Client B-1 发送数据包时，NAT-1 也会重新给 Client A-1 分配端口号。所以，穿透对称 NAT 的机会很小，下面是两种有可能穿透对称 NAT 的策略。

1) 同时开放 TCP(Simultaneous TCP open)策略

如果一个对称 NAT 接收到一个来自本地私有网络外面的 TCP SYN 包(TCP 确认包)，这个包想发起一个"引入"的 TCP 连接，一般来说，NAT 会拒绝这个连接请求并扔掉这个 SYN 包，或者回送一个 TCP RST(Connection Reset，重建连接)包给请求方。但是，有一种情况却会接受这个"引入"连接。RFC(Request For Comments，请求评论)规定，对于对称 NAT，当接收到的 SYN 包中的源 IP 地址(包括端口、目标 IP 地址)与 NAT 登记的一个已经激活的 TCP 会话中的地址信息相符时，NAT 将会放行这个 SYN 包。那么怎样才是一个已经激活的 TCP 连接？除了真正已经建立完成的 TCP 连接外，RFC 规范指出，如果 NAT 恰好看到一个刚刚发送出去的 SYN 包和随之接收到的 SYN 包中的地址端口信息相符合的话，那么 NAT 将会认为这个 TCP 连接已经被激活，并将允许这个方向的 SYN 包进入 NAT 内部。同时开放的 TCP 策略就是利用这个时机来建立连接的。

如果 Client A-1 和 Client B-1 能够彼此正确预知对方的 NAT 将会给下一个 TCP 连接分配的公网 TCP 端口，且两个客户端能够同时地发起一个面向对方的"外出"TCP 连接请求，并在对方的 SYN 包到达之前，自己刚发送出去的 SYN 包能顺利地穿过自己的 NAT 的话，一条端对端的 TCP 连接就能成功地建立了。

2) 端口猜测策略

同时开放 TCP 策略非常依赖于猜测对方的下一个端口和发送连接请求的时机,而且还有网络的不确定性,所以能够建立的机会很小,即使在 Server 充当同步时钟角色的情况下。下面介绍一种通过 UDP 穿透的方法。由于 UDP 不需要建立连接,因此也就不需要考虑"同时开放"的问题。

在介绍 Client B-1 策略之前,我们先介绍一下 STUN 协议。STUN(Simple Traversal of UDP Through NATs,NAT 的 UDP 简单穿越)协议是一个轻量级协议,用来探测被 NAT 映射后的地址:端口。STUN 采用 C/S 结构,需要探测自己被 NAT 转换后的地址:端口的 Client 向服务器发送的请求,以及服务器返回 Client 转换后的地址:端口。

参考上面 UDP 穿透 NAT 的步骤(2),当 Client B-1 收到 Server 发送给它的消息后,Client B-1 即打开 3 个 socket。socket-0 向 STUN 服务器发送请求,收到回复后,假设得知它被转换后的地址:端口(221.10.145.84:6005);socket-1 向 Client A-1 发送一个 UDP 包,socket-2 再次向另一个 STUN 服务器发送请求,假设得到它被转换后的地址:端口(221.10.145.84:6020)。通常,对称 NAT 分配端口有两种策略,一种是按顺序增加,一种是随机分配。如果这里对称 NAT 使用顺序增加策略,那么 Client B-1 将两次收到的地址:端口发送给服务器后,服务器就可以通知 Client A-1 在这个端口范围内猜测刚才 Client B-1 发送给它的 socket-1 中被 NAT 映射后的地址:端口。Client A-1 很有可能在协议的有效期内成功猜测到端口号,从而和 Client B-1 成功通信。

不可否认,NAT 技术在 IPv4 地址资源短缺的时候起到了缓解作用,在减少用户申请 ISP 服务的花费和提供比较完善的负载平衡功能等方面带来了不少好处。但是 IPv4 地址在几年后将会枯竭,NAT 技术不能改变 IP 地址空间不足的本质。其次,安全机制上,IPv4 也潜藏着威胁,在配置和管理上也是一个挑战。如果要从根本上解决 IP 地址资源的问题,IPv6 才是最根本之路。在 IPv4 转换到 IPv6 的过程中,NAT 技术确实是一个不错的选择,相对其他方案的优势也非常明显。

3.5.5　主机名的更改

在 Linux 操作系统中,主机名(hostname)通常在局域网内使用。通过 hosts 配置文件,主机名可被解析到对应的 IP 地址,主机与主机之间就可以实现信息交互。

在 Linux 操作系统中,可以使用 hostname 命令将主机名修改为 test,使用 ifconfig 命令,将 IP 地址修改为 192.168.174.1,子网掩码修改为 255.255.255.0,网关修改为 192.168.174.2,DNS 修改为 192.168.174.2。修改的步骤如下所示:

(1) 使用根用户 root 进行登录,并输入 root 的密码。

(2) 使用 ifconfig 命令查看 IP 地址,并修改临时 IP 地址。

(3) 使用 hostname 命令查看主机名,并临时修改主机名。

可用 vi 编辑器打开 IP 地址和主机名的配置文件,这些配置文件的作用如下所示:

(1) /etc/hosts: 配置主机名,使 IP 和主机名对应,相当于本机 DNS。

(2) /etc/sysconfig/network: 修改本机 IP 地址。

修改主机名的方法如下所示:

(1) 临时修改主机名，重启后主机名失效，命令如下：

  hostname 新主机名

可直接用 hostname 命令，查看主机名。

(2) 永久修改主机名，可使用编辑配置文件 /etc/hosts 的方法进行修改，如图 3-29 所示。

图 3-29　修改配置文件/etc/hosts

打开主机名配置文件的命令如下：

  vi /etc/hosts

修改完配置文件后，按 ESC 键，并输入:wq 保存退出。

查看新主机名的方法为：使用命令 reboot 重启主机后，在终端中使用命令 hostname 就可以查看主机名，如图 3-30 所示。

图 3-30　重启后查看主机名

使用 ping 主机名命令，可以查看网络是否能通畅。

在 Linux 操作系统下，/etc/hosts 文件和主机名是有区别的。hosts 文件的作用相当于 DNS，提供 IP 地址到主机名的对应。早期的互联网计算机少，单机 hosts 文件里足够存放所有联网计算机。不过随着互联网的发展，这就远远不够了，于是就出现了分布式的 DNS 系统，由 DNS 服务器来提供类似的 IP 地址到域名的对应。

Linux 系统在向 DNS 服务器发出域名解析请求之前会查询 /etc/hosts 文件，如果里面有相应的记录，就会使用 hosts 里面的记录。/etc/hosts 文件里面通常包含如下记录：

  127.0.0.1 localhost.localdomainlocalhost

hosts 文件格式是一行一条记录，分别是 IP 地址、hostname 和 aliases，三者用空白字符分隔；aliases 是指别名，可选。

配置文件的初始行 127.0.0.1 localhost.localdomainlocalhost 建议不要修改，因为很多应用程序会用到这个，比如 send mail；修改之后这些程序可能就无法正常运行。

修改 hostname 后，如果想要在本机上用新主机名来访问，就必须在 /etc/hosts 文件里添加一条新主机名的记录。比如 eth0 的 IP 是 192.168.1.61，就需要将 hosts 文件的内容修改为：

> #hostnameblog.infernor.net
> #cat/etc/hosts
> 127.0.0.1localhost.localdomainlocalhost
> 192.168.1.61 blog.infernor.netblog

这样，就可以通过 blog 或者 blog.infernor.net 来访问本机。

由以上内容可知，/etc/hosts 与设置主机名是没直接关系的，仅仅需要在本机上用新的主机名来访问本机的时候才会用到/etc/hosts 文件，两者没有必然的联系。但/etc/sysconfig/network 确实是主机名的配置文件，主机名的值跟该配置文件中的 HOSTNA ME 有一定的关联关系，但是没有必然关系。主机名的值来自内核参数 /proc/sys/kernel/hostname，如果通过命令 sysctlkernel.hostname=Test 修改了内核参数，那么主机名就变为 test 了。

3.5.6　复制虚拟机后 eth0 不能启动的解决方法

当复制虚拟机后，可能会出现 eth0 不能启动的情况，出现的错误提示一般为："Error:Nosuitabledevicefound:nodevicefoundforconnection"Systemeth0"。此时，可通过以下操作方式进行解决：

(1) 用 vi 编辑器将原来 ifcfg-eth0 文件中的 MAC 地址修改为图 3-31 中的 MAC 地址。点击虚拟机右键，选择设置选项，即可进入该界面。

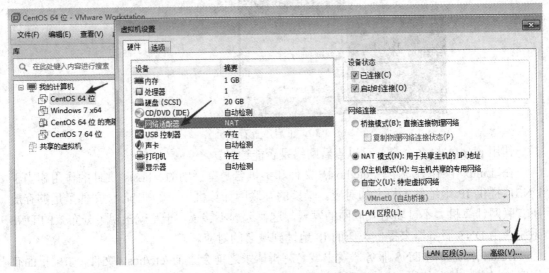

图 3-31　MAC 地址的设置路径

修改虚拟机中的文件 vi /etc/sysconfig/network-scripts/ifcfg-eth0 中的 HWADDR=xx:xx:xx:xx:xx:xx，使这里的 xx:xx:xx:xx:xx:xx 与虚拟机中网卡适配器的【高级】中的 MAC 地址一致。

(2) 用图 3-31【高级】中的 MAC 地址替换 ifcfg-eth0 文件中的 MAC 地址，如图 3-32 所示。此时，配置文件中的 MAC 地址要与【高级】中的 MAC 地址一致，才可启动 ifcfg-eth0。

```
root@localhost:/etc/sysconfig/network-scripts

File   Edit   View   Search   Terminal   Help

HWADDR=00:0C:29:D0:68:45
TYPE=Ethernet
BOOTPROTO=none
IPADDR=192.168.174.131
PREFIX=24
GATEWAY=192.168.174.1
DEFROUTE=yes
IPV4_FAILURE_FATAL=yes
IPV6INIT=no
NAME="Auto eth2"
UUID=18a68abf-d953-48ba-90a8-fecfb8a0a344
ONBOOT=yes
LAST_CONNECT=1559580341
~
```

图 3-32　编辑配置文件 ifcfg-eth0

用 vi 对配置文件 /etc/sysconfig/network-scripts/ifcfg-eth0 进行编辑，配置文件内容修改如下：

```
###
DEVICE=eth0
TYPE=Ethernet
UUID=54b95a3e-5a36-40bd-8d53-c9850f68d985
ONBOOT=yes
NM_CONTROLLED=yes
BOOTPROTO=none
IPADDR=192.168.100.22
PREFIX=24
GATEWAY=192.168.100.1
DEFROUTE=yes
IPV4_FAILURE_FATAL=yes
IPV6INIT=no
NAME="Systemeth0"
HWADDR=00:0C:29:CE:24:F0
####
```

(3) 删除目录 etc/udev/rules.d 下的 70-persistent-net.rules 文件，具体操作如图 3-33 所示。

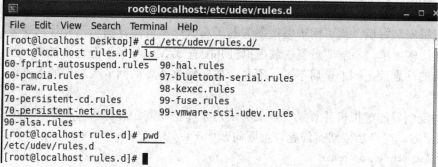

```
root@localhost:/etc/udev/rules.d

File   Edit   View   Search   Terminal   Help

[root@localhost Desktop]# cd /etc/udev/rules.d/
[root@localhost rules.d]# ls
60-fprint-autosuspend.rules    90-hal.rules
60-pcmcia.rules                97-bluetooth-serial.rules
60-raw.rules                   98-kexec.rules
70-persistent-cd.rules         99-fuse.rules
70-persistent-net.rules        99-vmware-scsi-udev.rules
90-alsa.rules
[root@localhost rules.d]# pwd
/etc/udev/rules.d
[root@localhost rules.d]#
```

图 3-33　查看 rules.d 目录下的文件

运行命令 rm –rf 70-persistent-net.rules，删除文件 70-persistent-net.rules。具体操作步骤如图 3-34 所示。

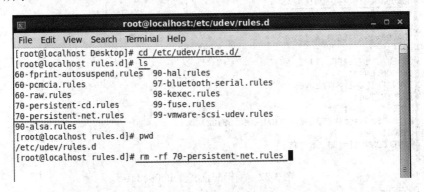

图 3-34　删除文件

删除文件 70-persistent-net.rules 后，可用 reboot 命令重启虚拟机。重启 Linux 系统后，用 ifconfig -a 查看网卡信息，eth0 网卡就可正常启动，如图 3-35 所示。

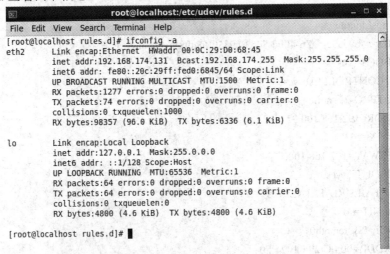

图 3-35　用 ifconfig -a 查看网卡信息

3.5.7　克隆虚拟机无法联网的解决方法

虚拟机安装好后，就可用于模拟服务器了。这样就直接复制了已有且已安装好的虚拟机，操作比较简单，不需要重复安装虚拟机并配置 JAVA 环境，但也会带来一些问题，其中最主要的问题就是网卡重启不了。那么，如何修改并启动网卡呢？先如下操作，查看是否有问题。

启动复制好的虚拟机并登录，登录的用户名和密码同源虚拟机。根据 3.5.6 节修改好 IPADDR，启动网卡后依然有问题，主要问题如下：

#service network restart

Error:Nosuitabledevicefound:nodevicefoundforconnection"Systemeth0"

#ifup eth0

eth0:unknowninterface:Nosuchdevice

上述问题就是网卡启动不了。解决问题的主要操作步骤如下：

(1) 在虚拟机界面右击虚拟机，单击设置后进入虚拟机的设置界面，然后选择 Network Adapter，点击 Remove 删除网卡，如图 3-36 所示。

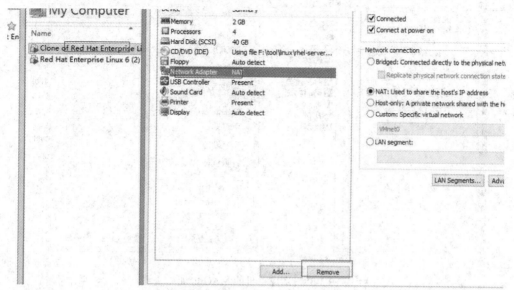

图 3-36　删除网卡

(2) 添加一个新的网卡，方法为：在虚拟机设置界面点击"add"按钮，进入添加硬件界面；选中 Network Adapter，点击"Add"按钮，就会添加一个网卡，此时网卡的 MAC Address 跟所复制的 MAC Address 不一样，如图 3-37 所示。图 3-37 为原虚拟机的 MAC Address，图 3-38 为新虚拟机的 MAC Address。

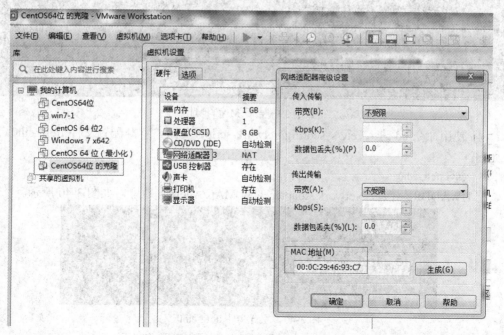

图 3-37　原虚拟机的 MAC 地址

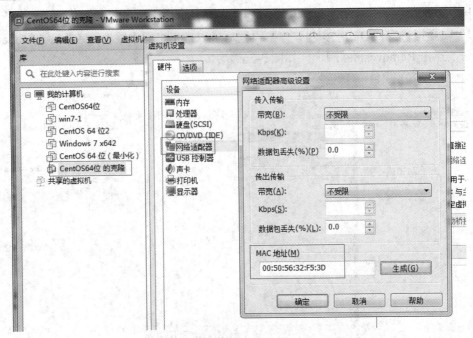

图 3-38　新虚拟机的 MAC 地址

(3) 重新启动虚拟机，然后进入 /etc/udev/rules.d/目录，命令如下：

　　#cat 70-persistent-net.rules

此时，70-persistent-net.rules 文件中的信息跟 Network Adapter 的 MAC Address 地址一样，如图 3-39 所示。

```
[root@zhengcy network-scripts]# cat /etc/udev/rules.d/70-persistent-net.rules
# This file was automatically generated by the /lib/udev/write_net_rules
# program, run by the persistent-net-generator.rules rules file.
#
# You can modify it, as long as you keep each rule on a single

# PCI device 0x1022:0x2000 (pcnet32)
SUBSYSTEM=="net", ACTION=="add", DRIVERS=="?*", ATTR{address}=="00:0c:29:ce:1d:f
4", ATTR{type}=="1", KERNEL=="eth*", NAME="eth0"
```

图 3-39　查看 MAC 地址

(4) 使用命令 cd 进入 /etc/sysconfig/network-scripts/目录，打开配置文件 ifcfg-eth0，命令如下：

　　#vi ifcfg-eth0

把 HWADDR 修改成 Network Adapter 的新 MAC Address 地址，如图 3-40 所示。

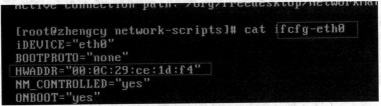

```
Active connection path: /org/freedesktop/NetworkMan
[root@zhengcy network-scripts]# cat ifcfg-eth0
iDEVICE="eth0"
BOOTPROTO="none"
HWADDR="00:0C:29:ce:1d:f4"
NM_CONTROLLED="yes"
ONBOOT="yes"
```

图 3-40　配置文件 ifcfg-eth0

(5) 使用命令 service network restart 重启网卡，就可正常启动了。

3.5.8　网卡 ifcfg-eth0 配置文件详解

本节我们以 ifcfg-eth0 的配置文件为例，解释其配置文件的详细内容。如下所示，其中
前的代码为配置文件的命令，# 后的内容为当前命令行的解释：

DEVICE="eth1"	#网卡名称
NM_CONTROLLED="yes"	#network mamager 的参数，是否可以由 NetworkManager 托管
HWADDR=MAC	#MAC 地址
TYPE=Ethernet	#类型
PREFIX=24	#子网掩码 24 位
DEFROUTE=yes	#就是 default route，yes 是指将 eth1 设置为默认路由
ONBOOT=yes	#若设置为 yes，则开机自动启用网络连接
IPADDR=IP	#IP 地址
BOOTPROTO=none	#设置为 none 是指禁止 DHCP，设置为 static 是指启用静态 IP 地址，设置为 dhcp 是指开启 DHCP 服务
NETMASK=255.255.255.0	#子网掩码
DNS1=8.8.8.8	#第一个 DNS 服务器
BROADCAST	#广播
UUID	#唯一标识
TYPE=Ethernet	#网络类型为 Ethernet
GATEWAY=8.8.4.2	#设置当前的网关
DNS2=8.8.4.4	#第二个 DNS 服务器
IPV6INIT=no	#禁止使用 IPv6
USERCTL=no	#是否允许非 root 用户控制该设备，设置为 no，只能用 root 用户更改
NAME="Systemeth1"	#设置当前的网络连接的名字为 Systemeth1
MASTER=bond1	#指定主域的名称
SLAVE	#指定该接口是一个接合界面的组件
NETWORK	#网络地址
ARPCHECK=yes	#是否需要检测，yes 是指需要检测
PEERDNS=yes	#是否允许用从 DHCP 获得的 DNS 覆盖本地的 DNS，yes 是指允许
PEERROUTES=yes	#是否允许从 DHCP 服务器获取用于定义接口的默认网关的信息的路由表条目，yes 是指允许
IPv6INIT=yes	#是否启用 IPv6 的接口
IPv4_FAILURE_FATAL=yes	#如果设置为 yes，指 IPv4 配置失败时，禁用 IPv4 设备
IPv6_FAILURE_FATAL=yes	#如果设置为 yes，指 IPv6 配置失败时，禁用 IPv6 设备

项目四　Samba 服务器的配置与管理

4.1　项 目 描 述

是谁最先搭起 Windows 和 Linux 沟通的桥梁，并且提供不同系统间的共享服务，还能拥有强大的打印服务功能？答案就是 Samba。Samba 的应用环境非常广泛，且魅力远远不止这些。

4.2　项 目 目 标

学习目标

- 了解 Samba 的环境及协议
- 掌握 Samba 的工作原理
- 掌握主配置文件 Samba.conf 的主要配置
- 掌握 Samba 的服务密码文件
- 掌握 Samba 文件和打印共享的设置
- 掌握 Linux 和 Windows 客户端共享 Samba 服务器资源的方法

4.3　相 关 知 识

4.3.1　Samba 简介

Samba 最先在 Linux 和 Windows 两个平台之间架起了一座桥梁。

Samba 是一套使用 SMB(Server Message Block，服务器信息块)协议的应用程序。正是由于 Samba 的出现，我们才可以在 Linux 系统和 Windows 系统之间互相通信，比如拷贝文件、实现不同操作系统之间的资源共享等。我们可以将其架设成一个功能非常强大的文件服务器，也可以将其架设成打印服务器，提供本地和远程联机打印；甚至还可以用 Samba 服务器完全取代 NT/2K/2K3 中的域控制器作域管理工作。

Samba 采用 C/S 模式，其工作机制是让 NetBIOS(Windows 网上邻居的通信协议)和 SMB

两个协议运行于 TCP/IP 通信协议之上，并且用 NetBEUI 协议(NetBios Enhanced User Interface，NetBios 增强用户接口)让 Windows 在"网上邻居"中浏览 Linux 服务器。

Samba 服务器包括 Smbd 和 Nmbd 两个后台应用程序。Smbd 是 Samba 的核心，主要负责建立 Linux Samba 服务器与 Samba 客户机之间的对话，验证用户身份并提供对文件和打印系统的访问；Nmbd 主要负责对外发布 Linux Samba 服务器可以提供的 NetBIOS 名称和浏览服务，使 Windows 用户可以在"网上邻居"中浏览 Linux Samba 服务器中共享的资源。另外，Samba 还包括一些管理工具，如 smb-client、smbmount、testparm、Smbpasswd 等应用程序。

4.3.2　SMB 协议

SMB 通信协议可以看作是局域网上共享文件和打印机的一种协议。它是 Microsoft 和 Intel 在 1987 年制定的协议，主要作为 Microsoft 网络的通信协议，后来被 Samba 搬到 UNIX 系统上来使用。通过"NetBIOS over TCP/IP"，Samba 不但能与局域网络主机共享资源，也能与全世界的计算机共享资源。

4.3.3　Samba 的工作原理

Samba 服务功能强大，这与其通信基于 SMB 协议有关。当客户端访问服务器时，信息通过 SMB 协议进行传输，其工作过程可以分成 4 个步骤：

(1) 协议协商。客户机在访问 Samba 服务器时，会先发送 netprot 指令数据包，告知目标主机其支持的 SMB 类型。Samba 服务器根据客户机的情况，选择最优的 SMB 类型并做出回应。

(2) 建立连接。当 SMB 类型确认后，客户机会发送会话建立指令数据包，提交账户和密码，请求与 Samba 服务器建立连接。如果客户机通过了身份验证，Samba 服务器会对会话建立报文做出回应，并为其客户机分配唯一的 UID，在客户机与其通信时使用。

(3) 访问共享资源。客户机访问 Samba 共享资源时，会发送 tree connect 指令数据包，通知服务器需要访问的共享资源名。如果设置允许，Samba 服务器会为每个客户机与共享资源连接分配 TID，此时客户机即可访问需要的共享资源。

(4) 断开连接。资源共享使用完毕后，客户机会向服务器发送 tree connect 报文关闭共享连接，与服务器断开连接。

4.3.4　YUM 简介

在 Linux 系统中配置 Samba 服务器时，需要先安装 Samba 服务。而安装 Samba 服务时，则需要使用 YUM。

YUM 是 Yellow dog Updater Modified 的简称，起初由 Yellow dog 这一发行版的开发者 Terra Soft 研发，用 Python 写成，那时叫做 YUP(Yellow dog Updater)，后经杜克大学的 Linux@Duke 开发团队进行改进，遂改成此名。YUM 的宗旨是自动化地升级、安装与移除 RPM 包、收集 RPM 包的相关信息、检查依赖性并自动提示用户解决。YUM 的关键之处是要有可靠的软件仓库，它可以是 HTTP、FTP 站点，也可以是本地软件池，但必须包含 RPM

的头部信息(header)。头部信息包括 RPM 包的各种信息，如描述、功能、提供的文件、依赖性等。

　　YUM 的一切配置信息都储存在一个叫 yum.conf 的配置文件中，通常位于/etc 目录下，这是整个 YUM 系统的重中之重。

4.3.5　Samba 配置的基本命令

　　本书所涉及的有关 Samba 服务器配置的基本命令如表 4-1 所示，同时给出了 CentOS6 与 CentOS7 的命令对比。

表 4-1　Samba 配置的基本命令

序号	命令(CentOS 6)	作　用	命令(CentOS 7)
1	rpm – qa | grep samba	查看安装 Samba 服务的信息	rpm – qa | grep samba
2	yum install samba samba-client – y	安装 Samba 服务器及其客户端	yum install samba samba-client – y
3	service smb start	启动 Samba 服务	systemctl start smb.service
4	service smb stop	停止 Samba 服务	systemctl stop smb.service
5	service smb restart	重启 Samba 服务	systemctl restart smb.service
6	service smb reload	重新加载 Samba 服务	systemctl reload smb.service
7	chcon – t samba_share_t /home/samba	设置 Samba 安全上下文	chcon – t samba_share_t /home/samba
8	setenforce 0	强制取消 SELinux	setenforce 0
9	getenforce	查看 SELinux 设置	getenforce
10	chkconfig smb on	设置 SMB 服务随系统启动而启动	systemctl enable smb.service

4.4　任 务 实 施

4.4.1　Samba 服务器配置——匿名用户登录

　　对于一些公开的文件，并不需要限制用户的读取。此时可以将服务器文件的读取方式配置为匿名登录方式，以便于客户端用户的操作。

1. 任务要求

　　某公司现需要添加 Samba 服务器作为文件服务器，并发布共享目录/share，共享名为 public。此共享目录允许所有员工都可以匿名访问。

2. 配置方案

(1) 新建共享目录，命令如下：

mkdir　/share

(2) 安装 Samba 服务，命令如下：

yum install samba samba-client samba-swat –y

(3) 打开配置文件的命令如下：

vi /etc/samba/smb.conf

将配置文件中的第 101 行设置为 security=share，主要用于设置共享级别，其作用就是用户不需要账号和密码即可访问。

在配置文件 smb.conf 里的[global]下添加如下配置：

clientlanmanauth=Yes

lanmanauth=Yes

clientntlmv2auth=no

在最后另起一行，增加[public]模块的配置内容。[public]模块的设置针对的是共享目录的设置，只对当前的共享资源起作用。[public]的配置内容如下所示：

[public]

comment=PublicStuff

path=/share

public=yes

其中 comment=PublicStuff 是对共享目录的说明文件，用于定义说明信息；path=/share 用来指定共享的目录，为必选项；public=yes 指所有人都可查看，等效于 guest ok=yes。

配置文件更改完成后，保存退出。

(4) 关闭防火墙，使用命令 service iptables stop 进行设置：

(5) 给 /share 目录授权为 nobody 权限，命令如下：

chown –R nobody:nobody /share/

(6) 设置 samba 共享模式，命令如下：

chcon　–t　samba_share_t　/share

(7) 重启 samba 服务，命令如下：

service smb restart

(8) 使用命令 testparm 测试 smb.conf 配置是否正确。访问 Samba 服务器的共享文件，可以使用 Linux 和 Windows 服务器进行测试，其中在 Linux 下访问 Samba 服务器共享文件的方法如图 4-1 所示。

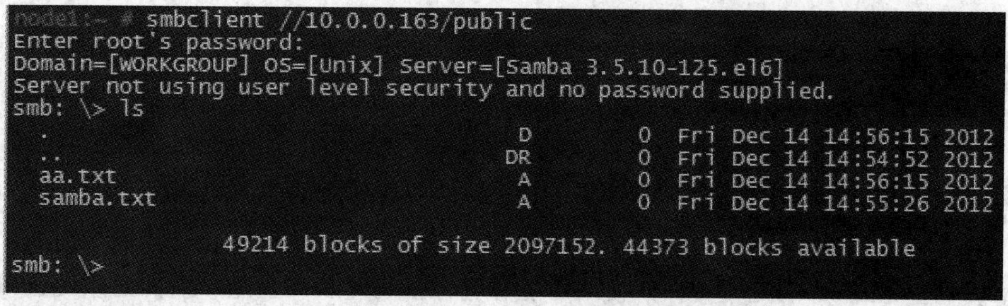

```
node1:~ # smbclient //10.0.0.163/public
Enter root's password:
Domain=[WORKGROUP] OS=[Unix] Server=[Samba 3.5.10-125.el6]
Server not using user level security and no password supplied.
smb: \> ls
  .                                   D        0  Fri Dec 14 14:56:15 2012
  ..                                  DR       0  Fri Dec 14 14:54:52 2012
  aa.txt                              A        0  Fri Dec 14 14:56:15 2012
  samba.txt                           A        0  Fri Dec 14 14:55:26 2012

                  49214 blocks of size 2097152. 44373 blocks available
smb: \>
```

图 4-1　在 Linux 下访问 Samba 服务器的共享文件

如果要在 Windows 下访问 Samba 服务器的共享文件,可先在地址栏输入\\ip 地址\共享文件夹名称。在此可以输入 \\10.0.0.163\public,如图 4-2 所示。

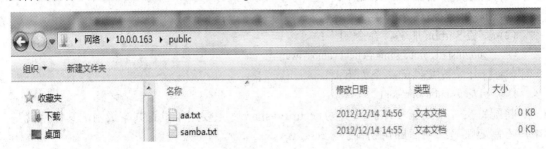

图 4-2　在 Windows 下访问 Samba 服务器的共享文件

配置完成后,局域网内的所有用户可在只知道服务器 IP 地址的情况下,登录 Samba 服务器,读取服务器中的共享文件。

4.4.2　Samba 服务器配置——用户密码登录

对于一些财务或销售数据文件,公司并不希望所有人都知道,仅允许有权限的用户可以访问,此时可以通过设置用户密码的方式配置服务器。

1. 任务要求

某公司有销售部门的资料需要远程管理,资料存放在公司服务器中的/companydata/sales 文件夹下,且要求该文件夹下的资料只能由销售部门员工 s1 和 s2 进行编辑。

2. 配置方案

(1) 创建文件夹 /companydata/sales,命令如下:

```
mkdir /companydata
mkdir /companydata/sales
```

(2) 创建销售部门(组)和组内的用户。

首先创建 Linux 用户 s1 和 s2 以及相对应的密码,命令如下:

```
useradd s1
passwd s1
useradd s2
passwd s2
```

其次创建销售部门组,命令如下:

```
groupadd gsale
```

(3) 将用户添加到销售部门组 gsale 组内,命令如下:

```
gpasswd –a s1 gsale
gpasswd –a s2 gsale
```

(4) 安装 samba 服务器,命令如下:

```
yum install samba samba-client –y
```

(5) 配置 Samba 的配置文件,使用户能够进行密码登录,且能够编辑文件夹/company data/sales 中的文件。使用命令 vi /etc/samba/smb.conf 打开 SMB 配置文件,并在打开的配置文件末尾添加图 4-3 所示的代码。

```
289
290 [sales]
291     comment= sales gong xiang wenjianja
292     path= /companydata/sales
293     browseable=yes
294     writable=yes
295     valid users= @gsale
296
297 █
```

图 4-3　编辑 SMB 配置文件/etc/samba/smb.conf

打开配置文件的命令如下：

vi /etc/samba/smb.conf

修改完配置文件后，保存退出。

(6) 创建 Samba 用户 s1 和 s2 的密码，命令如下：

smbpasswd –a s1

smbpasswd -a s2

(7) 设置共享目录的 Samba 共享模式，命令如下：

chcon –R –t samba_share_t /companydata/sales

(8) 设置文件夹的权限，让 gsales 组内的所有用户可以查看、修改文件夹/companydata/sales 中的文件，命令如下：

chmod 777 /companydata/sales

(9) 关闭防火墙，命令如下：

service iptables stop

(10) 启动 Samba 服务，命令如下：

service smb restart

(11) 对方案进行测试，步骤如下：

① 在虚拟机 CentOS 中查看 IP 地址，如图 4-4 所示。

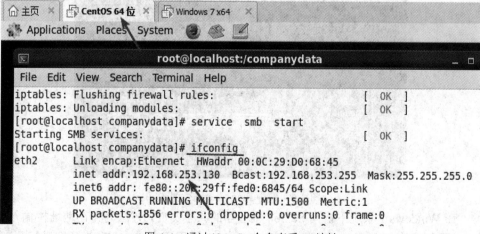

图 4-4　通过 ifconfig 命令查看 IP 地址

② 在测试机 Windows 7 系统中，设置 IP 地址与 CentOS 系统在同一个网段。如设置为 192.168.253.111，可使用图形界面的方式设置 IP 地址，如图 4-5 所示。

图 4-5　使用图形界面的方式设置 IP 地址

配置完成 IP 地址后，打开 Windows 7 系统，在命令提示符的窗口下，可通过 Ping 命令进行测试，如图 4-6 所示。

图 4-6　使用 Ping 命令进行测试

③ 在 Windows 7 系统下访问 Samba 服务器的共享文件，方法为先在地址栏输入\\ip 地址(Linux 服务器的 IP 地址)，如 \\192.168.174.132，使用用户名 s1 和 s2 分别进行测试。如图 4-7 所示，在登录界面输入相对应的用户名和密码，就可进入具有权限的文件夹中，如图 4-8 所示。

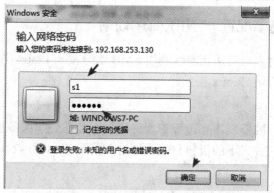

图 4-7　使用 SL 进行用户登录

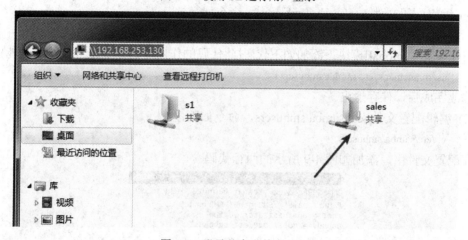

图 4-8　登录共享文件夹 sales

配置完成。

通过以上配置，用户 s1 和 s2 就可以通过输入用户名和相对应的密码登录 Samba 服务器，读取服务器中的共享文件；而其他用户由于没有进行相应的配置，不能登录 Samba 服务器读取共享文件。这种配置就符合公司对一些机密性文件的要求。

注意：Samba 服务器在配置过程中可能会存在一些问题，其解决方案如下所述：

在服务器的配置过程中，我们经常会遇到一些莫名其妙的问题，比如在 Samba 服务器的配置过程中，可能会遇到以下两个问题：

问题 1. 如何解决自动生成的以用户名命名的文件夹访问的问题？

解决方案：

可通过以下命令，进行相对应文件夹的权限修改：

　　chcon -R –t samba_share_t /home

　　chcon –R –t samba_share_t /home/s1

　　chcon –R –t samba_share_t /home/s2

问题 2. 如何让 Windows 记住 Samba 的用户名密码？

解决方案：

在测试机 Windows 系统的命令窗口下输入 net use */del /y 命令，用来中断所有连接，然后再次访问。

4.4.3　Samba 服务器配置——用户账号映射

使用用户账户映射主要是防止黑客利用 SMB 账号侵入 Linux 操作系统。因为在 Linux 系统中，SMB 账号就等于 Linux 帐号。

1. 任务要求

某公司有销售部门的资料需要远程管理，资料存放在公司服务器/companydata/sales 的文件夹下，且要求该文件夹下的资料只能由销售部门员工 s1 和 s2 编辑。

2. 配置方案

本方案可在 4.4.2 节服务器配置的基础上，进行如下操作：

(1) 编辑配置文件 /etc/samba/smb.conf，命令如下：

> vi /etc/samba/smb.conf

在配置文件[global]模块下添加如下代码(此代码的作用就是添加帐号映射的功能)：

> usernamemap=/etc/samba/smbusers

修改完成后，保存退出。

(2) 编辑配置文件 /etc/samba/smbusers，命令如下：

> vi /etc/samba/smbusers

在配置文件中，添加如图 4-9 所示的两行代码。

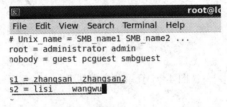

图 4-9　编辑配置文件/etc/samba/smbusers

修改完成后，保存退出。

(3) 重启 smb 服务，命令如下：

> service smb restart

4.4.4　Samba 服务器配置——客户端访问控制

本节将讲述通过客户端访问控制进行 Samba 服务器的配置，使某一网段内的客户端可以访问 Samba 服务器并读取服务器中的文件，而其他网段内的客户端则不能访问 Samba 服务器。

1. 任务要求

某公司有销售部门的资料需要远程管理，资料存放在公司服务器中的 /companydata/sales 文件夹下，且要求该文件夹下的资料只能由销售部门的 IP 地址网段的员工编辑，其他部门网段的员工禁止访问。

2. 配置方案

本方案可在 4.4.2 节配置的基础上，进行如下操作：

(1) 编辑 SMB 配置文件 /etc/samba/smb.conf，命令如下：

```
vi /etc/samba/smb.conf
```

(2) 添加 hosts allow 或 hosts deny 字段，其含义如下("#"后为该语句的解释)：

```
Hosts allow  网段/IP 地址        #允许该网段/IP 的主机访问
Hosts deny   网段/IP 地址        #禁止该网段/IP 的主机访问
```

其中"网段/IP 地址"可根据实际情况设置。

那么，以上 hosts allow 或 hosts deny 的设置语句字段在哪里写？

如果在[global]模块中编写，则表示全局禁止或允许；如果在共享文件夹[public] 模块中编写，则代表只对所共享的文件夹起作用。

4.4.5 Samba 服务器配置——企业综合实例

在企业中，用户对于文件系统的要求并不会那么简单，因此对于服务器的配置要求也更高。本节将结合 4.4.1 节至 4.4.5 节的内容，进行企业文件系统的综合实例配置。

1. 任务要求

某公司有各种不同访问级别的文件，其中总经理可以访问和编辑所有的目录文件；所有员工都可以访问和编辑公共目录/share 文件夹；销售部的/sales 文件夹只允许销售部门员工和总经理访问和编辑，其他员工不能访问和编辑；技术部的/tech 文件夹只允许技术部门员工和总经理访问和编辑，其他员工不能访问和编辑。

2. 配置方案

(1) 创建各部门的文件夹，其中/share 为公共目录，/sales 为销售部目录，/tech 为技术部目录，命令如下：

```
mkdir /share
mkdir /sales
mkdir /tech
```

(2) 创建用户和组，其中 sales 为销售部用户组，tech 为技术部用户组，mike、ssky 和 jane 为销售部员工，tom、sunny 和 bill 为技术部员工。创建完部门用户组和用户后，分别对相应的用户创建密码，命令如下：

```
groupadd sales
groupadd tech
useradd master
useradd–g sales mike
useradd -g sale ssky
useradd -g sales jane
useradd –g tech tom
useradd –g tech sunny
useradd –g tech bill
passwd master
passwd mike
```

```
passwd sky
passpd jane
passwd tom
passwd sunny
passwd bill
```

(3) 分别为用户创建相应的 SMB 用户和密码，命令如下：

```
smbpasswd –a master
smbpasswd –a mike
smbpasswd–a sky
smbpasswd –a jane
smbpasswd–a tom
smbpasswd–a sunny
smbpasswd–a bill
```

(4) 安装 Samba 服务，命令如下：

```
yum install samba samba-client–y
```

(5) 设置共享文件夹的权限，如图 4-10 所示。

```
[root@localhost Desktop]# chmod 777 /share
[root@localhost Desktop]# chmod 777 /sales     设置文件夹的权限
[root@localhost Desktop]# chmod 777 /tech
```

图 4-10　设置文件夹权限

(6) 设置文件夹为 SMB 的上下文模式，如图 4-11 所示。

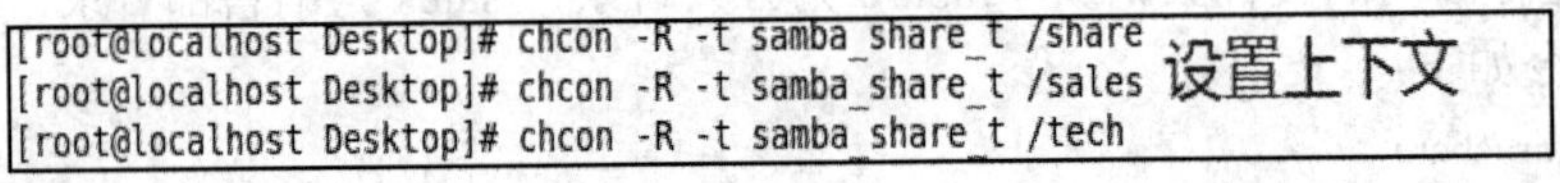

```
[root@localhost Desktop]# chcon -R -t samba_share_t /share
[root@localhost Desktop]# chcon -R -t samba_share_t /sales   设置上下文
[root@localhost Desktop]# chcon -R -t samba_share_t /tech
```

图 4-11　设置上下文

(7) 进入/etc/samba 目录复制 smb.conf 文件，具体操作过程如图 4-12 所示，命令如下：

```
cd /etc/samba
cp smb.confmaster.smb.conf
cp smb.confsales.smb.conf
cp smb.conftech.smb.conf
```

```
[root@localhost Desktop]# vi /etc/samba/smb.conf
[root@localhost Desktop]# cd /etc/samba/
[root@localhost samba]# ls
lmhosts  smb.conf  smbusers
[root@localhost samba]# cp smb.conf master.smb.conf
[root@localhost samba]# ls
lmhosts  master.smb.conf  smb.conf  smbusers
[root@localhost samba]# cp smb.conf sales.smb.conf       复制smb.conf文件
[root@localhost samba]# ls
lmhosts  master.smb.conf  sales.smb.conf  smb.conf  smbusers
[root@localhost samba]# cp smb.conf tech.smb.conf
[root@localhost samba]#
```

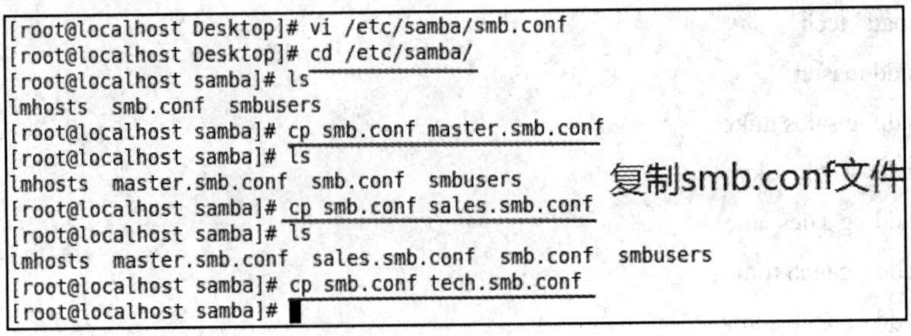

图 4-12　复制 smb.conf 文件

(8) 配置 Samba 服务器，打开配置文件的命令如下：

```
vi /etc/samba/smb.conf
```

其中在配置文件的第 74、75 行中添加代码，如图 4-13 所示。

图 4-13　编辑配置文件/etc/samba/smb.conf

公共目录的配置内容如图 4-14 所示。

```
292
293 [public]
294     comment=public stuff  公共目录的配置
295     path =/share
296     public=yes
```

图 4-14　编辑配置文件/etc/samba/smb.conf 的公共目录

配置文件修改完成后，保存退出。

(9) 在配置文件 master、sales、tech 中设置总经理的访问权限，方法为：首先，对配置文件/etc/samba/master.smb.conf 进行修改，如图 4-15 所示。打开配置文件的命令如下：

　　vi /etc/samba/master.smb.conf

```
[public]
        comment=public stuff
        path =/share
        public=yes
        writable = yes

[sales]                        总经理配置
        comment=sales
        path=/sales
        writable=yes
        valid users = master
[tech]
        comment= tech
        path=/tech
        writable=yes
        valid users = master
```

图 4-15　总经理的权限配置

其次，对配置文件/etc/samba/sales.smb.conf 进行修改，如图 4-16 所示。打开配置文件的命令如下：

　　vi /etc/samba/sales.smb.conf

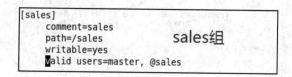

图 4-16　sales 组的权限配置

最后，对配置文件/etc/samba/tech.smb.conf 进行修改，如图 4-17 所示。打开配置文件的命令如下：

　　vi /etc/samba/tech.smb.conf

```
[tech]
    comment = tech
    path=/tech
    writable = yes
    valid users = @tech, master
-- INSERT --
```
tech组

图 4-17　tech 组的权限配置

(10) 关闭防火墙，命令如下：

    service iptables stop

(11) 启动 SMB 服务，命令如下：

    service smb restart

(12) 对方案进行测试时，可以在 Windows 操作系统中进行，方法为在 Windows 地址栏中输入\\服务器的 IP 地址；也可以在 Linux 操作系统中进行，方法为打开 smbclient 服务器的 IP 地址。

4.4.6　Samba 服务器配置——通过光盘安装 Samba 服务

在以上服务的安装过程中，我们都是通过网络进行安装，所以安装服务时，必须保证网络是畅通的。如果网络被关掉，或者在一些特殊的环境下，网络无法连接，此时如何进行操作呢？答案是可使用光盘来进行 Samba 服务的安装，配置方案如下所示：

(1) 将光盘放入光驱中，如果是虚拟机，则需要查看镜像文件的存放位置。右键虚拟机，点击设置，进入如图 4-18 所示的虚拟机设置界面，按照图示进行设置。

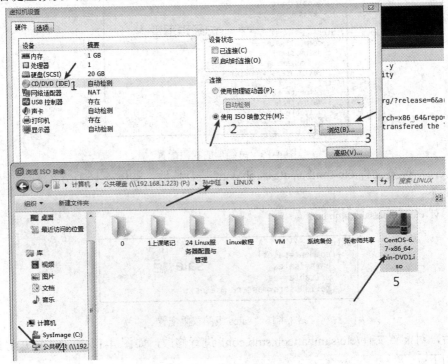

图 4-18　镜像文件选择

(2) 右击"centOS64" → "可移动设备" → "CD/DVD" → "连接"。

(3) 挂载光驱，具体操作步骤如图 4-19 所示。

```
[root@localhost Desktop]# mkdir /mnt/cdrom
[root@localhost Desktop]# mount /dev/cdrom /mnt/cdrom
mount: block device /dev/sr0 is write-protected, mounting read-only
[root@localhost Desktop]# █      ←出现这个提示符表示挂载成功
```

图 4-19 挂载光驱

创建文件夹用于挂载光驱，命令如下：

mkdir /mnt/cdrom

挂载光驱，命令如下：

mount /dev/cdrom /mnt/cdrom

(4) 制作用于安装的 YUM 源文件，存放位置在 /etc/yum.repos.d，具体操作过程如图 4-20 所示。

```
[root@localhost Desktop]# cd /etc/yum.repos.d/
[root@localhost yum.repos.d]# ls
CentOS-Base.repo          CentOS-fasttrack.repo  CentOS-Vault.repo
CentOS-Debuginfo.repo  CentOS-Media.repo
[root@localhost yum.repos.d]# mkdir backup
[root@localhost yum.repos.d]# ls
backup                    CentOS-Debuginfo.repo  CentOS-Media.repo
CentOS-Base.repo  CentOS-fasttrack.repo  CentOS-Vault.repo
[root@localhost yum.repos.d]# mv *.repo backup
[root@localhost yum.repos.d]# ls
backup
[root@localhost yum.repos.d]# █
```

图 4-20 将所有文件夹移动到 backup 目录下

进入 /etc/yum.reops.d 文件夹，命令如下：

cd /etc/yum.repos.d

创建一个文件夹，命令如下：

mkdir backup

将原有的文件都移动到 backup 文件夹中，命令如下(其中*代表所有文件)：

mv *. repobackup

创建 YUM 安装源文件，其配置文件中输入的内容如图 4-21 所示。打开配置文件的命令如下：

vi /etc/yum.repos.d/dvd.repo

```
                        root@localhost:/e
File  Edit  View  Search  Terminal  Help
[dvd]
name=dvd              输入的内容
baseurl=file:///mnt/cdrom
gpgcheck=0
enabled=1█
```

图 4-21 编辑配置文件/etc/yum.repos.d/dvd.repo

修改完配置文件后，保存退出。

(5) 安装 Samba 服务，命令如下：

yum install samba samba-client–y

如有 complete 的提示，则代表服务安装成功。如果要删除 Samba 服务，可执行如下命令。

```
yum remove samba samba-client -y
```

4.5　知 识 拓 展

有时在服务器配置完成后，Samba 客户端无法访问服务器。此时需要详细查看配置过程中是否有错误发生，主要操作步骤如下：

(1) 开启 Samba 服务端口，打开相应的配置文件/etc/sysconfig/iptables，命令如下：

```
vi /etc/sysconfig/iptables
```

如果在配置文件中显示以下信息：

```
-AINPUT-ptcp--dport137-jACCEPT
-AINPUT-pudp--dport137-jACCEPT
-AINPUT-ptcp--dport138-jACCEPT
-AINPUT-pudp--dport138-jACCEPT
-AINPUT-ptcp--dport139-jACCEPT
-AINPUT-pudp--dport139-jACCEPT
-AINPUT-ptcp--dport445-jACCEPT
-AINPUT-pudp--dport445-jACCEPT
```

则需要使用以下命令，以重启防火墙的服务：

```
service iptables restart
```

或者直接使用 chkconfig iptables off 命令，设置为系统启动后自动关闭防火墙；或者使用命令 service iptables stop 手动关闭防火墙。

注意：在 Linux 系统的服务配置过程中，对防火墙的操作经常会用到以下命令：

chkconfig iptables off 是指设置系统自动启动后防火墙为关闭的状态。

chkconfig iptables on 是指设置系统自动启动后防火墙为启动的状态。

chkconfig --deliptables 是指设置系统自动启动后防火墙为移除自启动。

chkconfig --addiptables 是指设置系统自动启动后防火墙为增加自启动。

(2) 修改 selinux，命令如下所示：

```
setenforce 0
```

此命令为临时关闭，重启后无效。若要永久性修改，则可直接修改/etc/selinux/config 文件，方法为将 SELINUX=enforcing 改为 SELINUX=disabled，然后重启机器即可。

(3) 安装 Samba，命令如下：

```
yum -y install samba
```

(4) 启动以及相关命令。

SMB 和 NMB 的停止和重启在配置文件/etc/init.d/smbstart/stop/restart 和/etc/init.d/nmb start/stop/restart 中进行设置。

查看 samba 的服务状态，命令如下所示：

```
service smb status
```

使用命令 chkconfig –level 35 进行设置，则可使 Samba 在 3、5 级别上自动运行。

(5) 配置 smb.conf，打开配置文件，命令如下：

　　　　vi /etc/samba/smb.conf

配置文件 smb.conf 中的主要内容解释如下：

　· security=share：该行命令是指设置共享级别。当启用该命令行时，则代表用户不需要账号和密码即可访问。

　· [public]区域设置针对的是共享目录的设置，只对当前的共享资源起作用。

　· comment=PublicStuff：该行命令是对共享目录的说明文件，自己可以定义说明信息。

　· path=/home/samba：该行命令用来指定共享的目录，在配置文件时必须指定。

　· public=yes：该行命令行是指所有人都可查看，等效于 guestok=yes。

配置完成后，保存退出，手动建立对应的共享文件夹。

注意：在配置文件中，要把[public]前的注释去掉，否则全局设置将不会生效。

(6) 客户端登录。在 Linux 下登录测试 SMB 服务，方法为：

　　　smbclient　//192.168.1.120/public (其中-U 为用户名，这里是无用户登录，可以不用加)

在 Windows 下登录测试 SMB 服务，方法为：

在 cmd 中输入 \\192.168.1.120\public

注意：在配置过程中也可能会遇到以下问题：

(1) 配置文件中[public]一栏的注释没有去掉。

(2) 登录时，出现如下报错：

　　　ServerrequestedLANMANpassword(share-levelsecurity)but'clientlanmanauth=no'or'clientntlmv2auth=yes'

　　　treeconnectfailed:NT_STATUS_ACCESS_DENIED

解决方法是在 smb.conf 里的[global]下添加如下配置内容：

　　　clientlanmanauth=Yes

　　　lanmanauth=Yes

　　　clientntlmv2auth=no

然后使用 service smb restart 命令，重启 SMB 服务。如果服务启动正常，则在客户端下再次测试。若正常登录，说明问题已解决。

项目五　 NFS 服务器的配置与管理

5.1　项目描述

在 Windows 主机之间，可以通过共享文件夹来读/写远程主机上的文件。而在 Linux 系统中，则是通过 NFS 来实现类似的功能。

5.2　项目目标

学习目标

- 了解 NFS 服务的基本原理
- 掌握 NFS 服务器的配置与调试方法
- 掌握 NFS 客户端的配置方案
- 掌握 NFS 故障排除的技巧

5.3　相关知识

5.3.1　NFS 服务的概念

NFS 是 Network File System 的缩写，用于服务网络文件系统，其作用主要是在 Linux 系统和 Linux 系统之间实现资源共享。NFS 最早是 UNIX 操作系统之间共享文件的一种方法，后来被 Linux 操作系统完美地继承。

NFS 最早是由 Sun 公司于 1984 年开发出来的，其目的就是让不同计算机、不同操作系统之间可以彼此共享文件。由于 NFS 使用起来非常方便，因此很快得到了大多数 UNIX/Linux 系统的广泛支持，而且还被 IETE(International Engineering Task Force，国际互联网工程组)定为 RFC1904、RFC1813 和 RFC301O 标准。

5.3.2　NFS 的优势及不足

在 Windows 与 Linux 服务器、Linux 与 Linux 服务器之间进行文件传输有很多种方式，为什么我们要选择 NFS 来进行传输呢？主要是因为 NFS 具有很多优势，主要包括以下几点：

(1) 本地工作站可以使用更少的磁盘空间，因为通常的数据可以存放在一台机器上，且可以通过网络访问。

(2) 用户不必在网络上的每个机器中都设一个 home 目录，home 目录可以存放在 NFS 服务器上，并且在网络上处处均可用。

(3) 诸如 CD-ROM、DVD-ROM 之类的存储设备均可以在网络上被其他机器使用，这可以减少整个网络上可移动介质设备的数量。

虽然 NFS 服务在文件传输方面有诸多优势，但在安全性及管理方面还存在着一些缺陷，主要包括以下几点：

(1) 局限性容易发生单点故障。当 NFS 服务器宕机时，其所在的所有客户端都将不能访问服务器的共享资源。

(2) 客户端没有用户认证机制，且数据在传输过程中是以明文的方式进行传送的，安全性一般，因此一般建议 NFS 服务在局域网内使用。

(3) NFS 服务的数据在传输过程中不仅以明文的方式进行传送，而且对数据完整性也不做验证，安全性存在隐患。

(5) 当多台客户端同时挂载 NFS 服务器时，客户端的连接管理维护也会比较麻烦。

5.3.3　NFS 的工作流程

NFS 服务本身并没有提供数据传输协议，而是通过使用 RPC(Remote Procedure Call，远程过程调用)来实现的。RPC 最主要的功能是指定每个 NFS 功能所对应的端口号，并回应给客户端，让客户端可以连接到正确的端口上。NFS 服务启动后会随机使用一些端口，并向 RPC 注册这些端口；RPC 记录下这些端口后会开启固定 111 端口，并通过客户端和服务端端口的连接来进行数据的传输。所以，在启动 NFS 服务之前，首先要确保 RPC 服务已启动。

启动 NFS 服务的工作流程主要包括以下几步：

(1) 启动 NFS 时，自动选择端口小于 1024 的 1011 端口，并向 RPC(工作于 111 端口)汇报，由 RPC 记录在案。

(2) 客户端需要 NFS 提供服务时，首先向 1011 端口的 RPC 查询 NFS 工作在哪个端口。

(3) RPC 会告知客户端 NFS 工作在 1011 端口。

(4) 客户端直接访问 NFS 服务器的 1011 端口，请求服务。

(5) NFS 服务经过权限认证，允许客户端访问自己的数据。

5.4　任 务 实 施

5.4.1　NFS 服务配置实例

NFS 服务器可以让个人电脑将网络中 NFS 服务器共享的目录挂载到本地端的文件系统中。而在本地端的系统中来看，那个远程主机的目录就好像是自己的一个磁盘分区一样，在使用上相当便利。

1. 任务要求

企业 NFS 服务器的 IP 地址为 192.168.174.132，现要求共享服务器上的/share 文件夹，使所有用户都有访问和修改权限。

2. 配置方案

本方案要实现 Linux 系统与 Linux 系统之间的文件共享，所以至少需要搭建两台 Linux 系统，一台作为 NFS 服务器，一台作为客户端用于测试。

1) 第一台 Linux 机器

第一台 Linux 机器作为服务器，配置步骤如下：

(1) 可根据第四章配置 IP 地址的方法，进行 IP 地址的配置。

(2) 重启网络服务，命令如下：

```
service network restart
```

(3) 创建要共享的文件夹，命令如下：

```
mkdir /share
```

(4) 安装包含 NFS 的软件包，命令如下：

```
yum install nfs-utils rpcbind -y
```

(5) 打开 NFS 的配置文件/etc/exports，命令如下：

```
vi /etc/exports
```

其中配置文件的修改内容如图 5-1 所示。

图 5-1 编辑配置文件/etc/exports

配置文件修改完成，保存退出。

(6) 关闭防火墙，命令如下：

```
service iptables stop
```

(7) 设置共享文件夹的权限，使任何人都可以在文件夹中编辑文件，命令如下：

```
chmod 777 /share
```

(8) 启动 rpcbind 服务，该步骤必须在 NFS 服务启动之前执行，命令如下：

```
service rpcbind start
```

(9) 启动 NFS 服务，命令如下：

```
service nfs start
```

(10) 设置 NFS 服务随系统启动而启动(当然此步骤并不是必须的，可根据具体环境要求进行设置)，命令如下：

```
chkconfig nfs on
```

使用命令 ifconfig 查看 IP 地址：

至此，第一台用于 NFS 服务器的 Linux 主机配置完成。

2) 第二台 Linux 机器

第二台 Linux 机器作为客户端用于测试，配置步骤如下：

NFS 服务器的配置测试，是在另外一台客户端 Linux 系统中进行测试，其测试步骤如下所示：

(1) 打开另外一台 Linux 系统的电脑或虚拟机。如果是测试机是物理机，请确保网络是在同一网络地址。

(2) 安装带有 NFS 客户端的软件包，命令如下：

```
yum install nfs-utils rpcbind –y
```

(3) 新建一个文件夹作为挂载点使用，命令如下：

```
mkdir /mnt/gongxiang
```

(4) 将 NFS 服务器上的共享文件夹挂载到刚才新建的文件夹/mnt/gongxiang 下，命令如下：

需要注意的是，当客户端重启后挂载会自动解除。

```
mount -t nfs 192.168.174.132:/share/mnt/gongxiang
```

5.4.2　NFS 的共享文件设置为永久挂载

在 5.4.1 节中，客户端挂载后，如果系统重启，挂载会自动解除。那么如何在系统重启后，让 NFS 自动挂载呢？实现方法如下：

(1) 打开自动加载文件的配置文件/etc/fstab，命令如下：

```
vi /etc/fstab
```

在配置文件的最后一行添加代码，如图 5-2 所示。

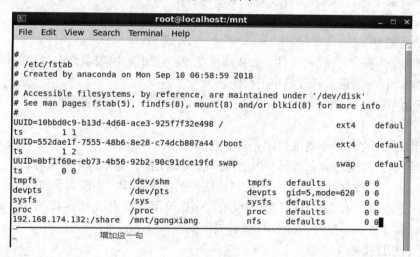

图 5-2　编辑配置文件/etc/fstab

(2) 修改完成后保存退出，并执行挂载命令，命令如下：

```
mount -a
```

注意：识别要访问的远程共享命令如下：

```
showmount -e NFS 服务器的 IP
```

5.5　知 识 拓 展

在项目四和项目五中，设置用户对文件的访问权限时，一般都使用设置用户组或文件共享模式的方式控制文件的读取。在本节中，我们主要通过讲解在 Linux 系统中，如何设置用户组和文件共享模式来拓展相关权限的知识。

5.5.1　在 Linux 系统下设置用户组、文件权限

在 Linux 系统下设置用户组、文件权限的命令，包括以下几个部分：

1. 设置用户组的相关命令及介绍

在 Linux 中，每个用户必须属于一个组，不能独立于组外。同时每个文件也有所有者、所在组和其他组，概念如下：

文件所有者是指一般为文件的创建者。谁创建了该文件，谁就是该文件的所有者。可用 ls - ahl 命令查看文件的所有者，也可以使用"chown 用户名 文件名"命令来修改文件的所有者。

文件所在组是指当某个用户创建了一个文件后，这个文件的所在组就是该用户所在的组。用 ls - ahl 命令可以查看文件的所有组，也可以使用"chgrp 组名 文件名"命令来修改文件所在的组。

其他组是指除文件的所有者和所在组的用户外，系统的其他用户都是文件的其他组。

可通过"ls -l"命令查看文件权限，显示内容如下：

　　　-rwx rw- r - -1 root 1213 Feb209:39 abc

以上内容解释如下：

(1) 第一个字符"-"代表文件。如果将"-"改为"d"，则表示修改目录的权限；如果将"-"改为"1"，则表示修改链接的权限。

(2) 其余字符每 3 个为一组，其中"r"代表读权限，"w"代表写权限，"x"代表执行权限。

第一组 rwx：文件所有者的权限是读、写和执行。

第二组 rw-：与文件所有者同一组的用户的权限是读、写，但不能执行。

第三组 r--：不与文件所有者同组的其他用户的权限是读，不能写和执行。

其中，第一组、第二组、第三组的权限代码也可用数字表示为 r=4，w=2，x=1，因此第一组的权限可由 rwx 改为 7(rwx=4+2+1=7)。

(3) 1 表示连接的文件数。

(4) root 表示用户。

(5) 1213 表示文件大小(字节)。

(6) Feb209:39 表示最后修改日期。

(7) abc 表示文件名。

在 Linux 中，关于用户组及文件权限的常用命令如下所示：

(1) 强行设置某个用户的所在组，命令如下：

  usermod -g 新组名　用户名

(2) 添加组内的用户，命令如下：

  gpasswd –a 用户　名组名

(3) 删除组内的用户，命令如下：

  gpasswd　–d 用户　名组名

(4) 改变文件的所有者(注意此操作只能由根用户 root 进行操作)，命令如下：

  chown　新所有者名　文件名

(5) 改变文件属性中所有者的组，可使用如下命令：

  chgrp 新组名　文件名

注意此操作只能使用跟用户 root 或者文件的所有者进行操作。

(6) 查看磁盘文件的分区情况，命令如下：

  fdisk -l

2. 改变文件权限的相关命令

在 Linux 操作系统中，可以使用相关命令更改文件或者目录的相关权限，命令的使用及解释如下所示：

(1) 使用 chmod 命令更改文件 abc 的权限，命令如下：

  chmod 755 abc

该命令可赋予文件 abc 的用户具有 rwxr-xr-x 的权限，即具有读、写、执行的权限。

也可通过以下命令更改用户组的权限：

  chmod u=rwx，g=rx，o=rx abc

其中，u=用户权限，g=组权限，o=不同该组的其他用户权限。用户权限具有读、写、执行的权限，组具有读和执行的权限，其他组的用户具有读和执行的权限。

另外，chmod 还有一些更改权限的其他命令，如下所示：

  chmod u-x，g+w abc

该命令可去除文件 abc 用户执行的权限，增加读写的权限。

  chmod a+r abc

该命令可给 abc 文件的所有用户添加读的权限。

(2) 使用 chown 和 chgrp 命令可改变所有者和用户组。

命令的使用及解释如下所示：

  chown xiaoming abc

该命令可改变文件 abc 的所有者为 xiaoming。

  chgrp root abc

该命令可改变文件 abc 所属的组为 root。

  chown root ./abc

该命令可改变目录 abc 的所有者为 root。

  chown -R root ./abc

该命令可改变目录 abc 及其下面所有的文件和目录的所有者为 root。

(3) 使用 usermod 命令，改变用户所在组。

在添加用户时，可以指定将该用户添加到哪个组中，同样只能用根用户 root 的管理权限改变某个用户所在的组，命令如下：

　　-usermod‐g 组名 用户名

也可以用如下命令，改变该用户登录的初始目录：

　　-usermod‐d 目录名 用户名

5.5.2　更改用户组、文件权限的实例

【例1】　建立 group1 和 group2 两个用户组以及 dennis、daniel、abigale 三个用户，并且将前两个用户 dennis、daniel 分配在 group1 用户组下，后一个用户 abigale 分配在 group2 用户组下，操作过程如图 5-3 所示。

```
[root@localhost root]# groupadd group1
[root@localhost root]# groupadd group2
[root@localhost root]# useradd -g group1 Dennis
useradd: invalid user name 'Dennis'
[root@localhost root]# useradd -g group1 dennis
[root@localhost root]# useradd -g group1 daniel
[root@localhost root]# useradd -g group2 abigale
[root@localhost root]# passwd dennis
Changing password for user dennis.
New password:
BAD PASSWORD: it is too simplistic/systematic
Retype new password:
passwd: all authentication tokens updated successfully.
[root@localhost root]# passwd daniel
```

图 5-3　创建用户组

【例2】　用 dennis 用户登录，创建一个 Hello.java 文件。

【例3】　用 daniel 用户登录，观察是否可以访问/home/dennis 目录，并查看所创建的 Hello.java 文件是否具有读或写的权限。

【例4】　用 dennis 用户登录，修改目录/home/dennis 及 Hello.java 文件的读/写权限。注意在更正修改目录权限的时候，要使用 770 权限，而不是 760，否则会提示权限不足。

例题 2~4 的操作过程如图 5-4 所示。

```
[dennis@localhost home]$ ls -l
total 12
drwx------    2 abigale    group2    4096 Jan 11 13:15
drwx------    2 daniel     group1    4096 Jan 11 13:14
drwx------    2 dennis     group1    4096 Jan 11 13:22
[dennis@localhost home]$ chmod 760 dennis
[dennis@localhost home]$ ls -l
total 12
drwx------    2 abigale    group2    4096 Jan 11 13:15
drwx------    2 daniel     group1    4096 Jan 11 13:14
drwxrw----   2 dennis     group1    4096 Jan 11 13:22
[dennis@localhost home]$ cd /dennis
-bash: cd: /dennis: No such file or directory
[dennis@localhost home]$ cd dennis/
[dennis@localhost dennis]$ ls -l
total 4
-rw-r--r--    1 dennis     group1      51 Jan 11 13:20 Hello.java
[dennis@localhost dennis]$ chmod 770 Hello.java
[dennis@localhost dennis]$ ls -l
total 4
-rwxrwx---    1 dennis     group1      51 Jan 11 13:20 Hello.java
[dennis@localhost dennis]$ logout
```

图 5-4　修改用户组权限

【例 5】重复例题 1～3 的操作过程。

【例 6】改变 abigale 的用户组，由 group2 变为 group1，如图 5-5 所示。

```
[root@localhost home]# usermod -g group1 abigale
```

图 5-5　改变用户组

可以使用 cat /etc/passwd 查看用户组 ID 是否已按照要求设置，如图 5-6 所示。

```
dennis:x:500:500::/home/dennis:/bin/bash
daniel:x:501:500::/home/daniel:/bin/bash
abigale:x:502:500::/home/abigale:/bin/bash
```

图 5-6　查看用户组 ID

项目六　　DHCP 服务器的配置与管理

6.1　项 目 描 述

在一个计算机比较多的网络中，要为整个企业每个部门的上百台机器逐一进行 IP 地址的手工配置绝不是一件轻松的工作。为了更方便、快捷地完成这些工作，很多时候会采用动态主机配置协议(Dynamic Host Configuration Protocol，DHCP)来自动为客户端配置 IP 地址、默认网关等信息。

6.2　项 目 目 标

学习目标

- 了解 DHCP 服务器在网络中的作用
- 理解 DHCP 的工作过程
- 掌握 DHCP 服务器的基本配置
- 掌握 DHCP 客户端的配置和测试
- 掌握在网络中部署 DHCP 服务器的解决方案
- 掌握 DHCP 服务器中继代理的配置

6.3　相 关 知 识

6.3.1　DHCP 服务的概念

DHCP(Dynamic Host Configuration Protocol，动态主机配置协议)是一个简化主机 IP 地址分配管理的 TCP/IP 标准协议，用户可以利用 DHCP 服务器管理动态的 IP 地址分配及其他相关的环境配置工作，如 DNS 服务器、WINS 服务器、Gateway 的设置。

DHCP 机制可以分为服务器和客户端两个部分。服务器使用固定的 IP 地址，在局域网中扮演着给客户端提供动态 IP 地址、DNS 配置和网管配置的角色；客户端 IP 地址相关的配置，都在启动时由服务器自动分配。

6.3.2 DHCP 的工作过程

DHCP 的工作过程如图 6-1 所示。

DHCP 的工作过程包括如下六个阶段：

1. 发现阶段

在 DHCP 服务配置完成后，由于客户端没有 IP 地址，因此在启动时会自动发送发现的广播报文，其源地址为 0.0.0.0，目的地址为 255.255.255.255。网络上的所有支持 TCP/IP 的主机都会收到该 DHCP 发现报文，但是只有 DHCP 服务器发现会响应该报文。

2. DHCP 服务器请求响应阶段

DHCP 服务器收到发现报文后，通过解析报文查询 dhcpd.conf 的配置文件。如果在地址池中能找到合适的 IP 地址，DHCP 服务器会给该客户端发送使用报文，告诉该客户端该 DHCP 服务器拥有资源，可以提供 DHCP 服务。

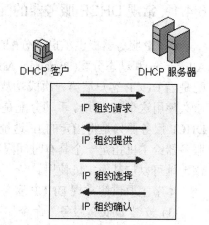

图 6-1 DHCP 工作过程图

3. 客户端请求使用阶段

当该客户端收到使用报文时，知道在本网段中有可用的 DHCP 服务器可以提供 DHCP 服务，因此它会发送一个请求报文，向该 DHCP 服务器请求 IP 地址、掩码、网关、DNS 等信息，以便登录网络。

4. DHCP 服务器确认使用阶段

当 DHCP 服务器收到该客户端发送的 DHCP Request，确认要为该客户端提供 IP 地址后，便向该客户端响应一个包含该 IP 地址以及其他选项的报文，告诉该客户端可以使用该 IP 地址了，然后该客户端就可以将该 IP 地址与网卡绑定。此时，其他 DHCP 服务器都将收回自己之前为该客户端提供的 IP 地址。

5. DHCP 客户端重新登录网络阶段

当 DHCP 客户端重新登录后，会发送一个以前的 DHCP 服务器分配的 IP 地址信息的 DHCP 请求报文。DHCP 服务器收到该请求后，会尝试让 DHCP 客户端继续使用该 IP 地址，并回答一个 ACK 报文。

如果该 IP 地址无法再次分配给该 DHCP 客户端，DHCP 服务器会回复一个 NAK 报文。DHCP 客户端收到该 NAK 报文后，会重新发送 DHCP 发现报文来再次获取 IP 地址。

6. DHCP 客户端续约阶段

DHCP 获取到的 IP 地址都有一个租约。租约过期后，DHCP 服务器将回收该 IP 地址。如果 DHCP 客户端想继续使用该 IP 地址，则必须更新租约。更新的方式为，当前租约期限过了一半后，客户端会发送 DHCP 重报文来续约租期。

6.4　任务实施

6.4.1　常规 DHCP 服务器的配置

DHCP 服务器提供了自动分配(Automatic Allocation)、手动分配(Manual Allocation)和动态分配(Dynamic Allocation)三种 IP 地址分配方式。自动分配是当 DHCP 客户端第一次成功从 DHCP 服务器获取一个 IP 地址后，就永久使用这个 IP 地址。手动分配是指客户端的 IP 地址由网络管理员指定，DHCP 服务器只是将指定的 IP 地址告诉客户端主机。动态分配是指 DHCP 服务器给主机指定一个具有时间限制的 IP 地址，时间到期或主机明确表示放弃该地址时，该地址可以被其他主机使用。

本节主要讲解常规 DHCP 服务器的配置方案，步骤如下所示：

(1) 安装 DHCP 服务，命令如下：

```
yum install dhcp –y
```

(2) 修改服务器的 IP 地址。

为避免客户端与服务器争抢 IP 地址资源，服务器的 IP 地址必须设置为静态 IP 地址。IP 的设置过程可参照图形用户的设置。在虚拟机菜单项中，右键选择"系统"→"网络设置"→Network Connection 对话框界面→选中 eth0 选项→，然后点击"Edit"按钮→即可进入"eth0"的网络设置界面，如图 6-2 所示。

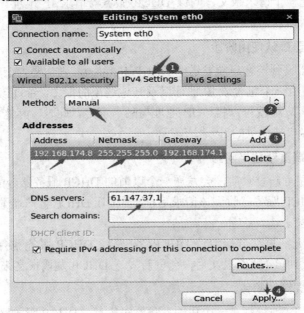

图 6-2　修改网卡 eth0 的 IP 地址

设置完成后，重启网络服务，命令如下：

```
service network restart
```

（3）配置 DHCP 服务。

编辑 DHCP 的配置文件/etc/dhcp/dhcpd.conf，修改内容如图 6-3 所示。可直接创建文件并手动添加代码；也可通过修改 sample 文件，创建配置文件/etc/dhcp/dhcpd.conf。如修改 sample 文件，先将 sample 文件复制为/etc/dhcp/dhcpd.conf 后再进行修改，命令如下：

　　　　cp /usr/share/doc/dhcp*/dhcpd.conf.sample/etc/dhcp/dhcpd.conf

　　　　vi /etc/dhcp/dhcpd.conf

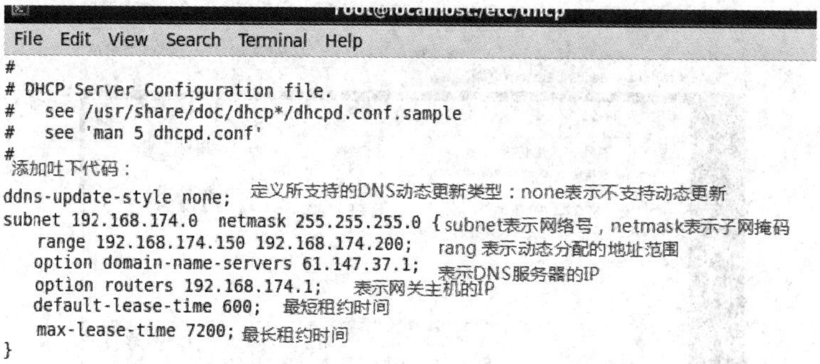

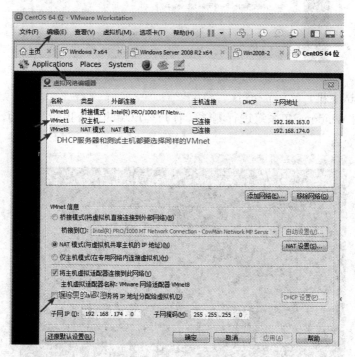

图 6-3　配置文件/etc/dhcp/dhcpd.conf

修改完后，保存退出。

（4）关闭 VM 软件的 DHCP 服务，操作过程如图 6-4 所示。

图 6-4　修改网络模式

（5）关闭防火墙，命令如下：

　　　　service iptables stop

（6）启动 DHCP 服务，命令如下：

　　　　service dhcpd start

(7) 设置 DHCP 服务随系统启动而启动，命令如下：

```
chkconfig dhcpd on
```

(8) 设置客户端网络。

客户端的网络设置，需要跟服务器的网络在同一网络模式，可以是仅主机模式或 NAT 模式，如图 6-5 所示。

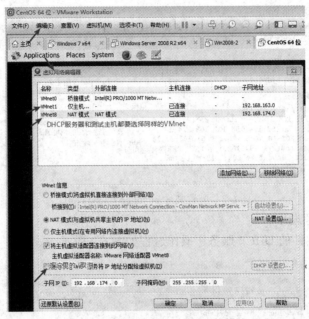

图 6-5　修改 Windows 7 的网络模式

(9) 启动测试主机。

本测试使用 Windows 7 系统进行测试。打开客户端的命令提示符界面，测试内容如图 6-6 所示。

图 6-6　常规 DHCP 服务器配置的 Windows 7 测试

6.4.2　绑定主机的 MAC 地址与 IP 地址

通过绑定 IP 地址进行 DHCP 服务器的配置是 DHCP 自动获取 IP 地址的方式，可实现了对特定主机分配一个特定 IP 地址的要求。

1. 任务要求

在 DHCP 配置文件中，将主机的 MAC 地址与 IP 地址进行绑定。

2. 实施步骤

DHCP 服务器的基本配置与 6.4.1 节的步骤基本一致，只是配置文件不同。

首先在客户机查看特定主机的 MAC 地址。为保持一致，我们依然使用 Windows 主机作为测试主机。在命令提示符窗口下，使用命令 ipconfig/all 命令查看 MAC 地址，如图 6-7 所示。

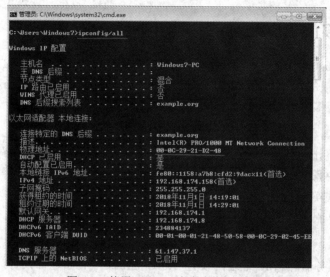

图 6-7　使用 ipconfig 命令查询 IP 地址

(1) 打开配置文件/etc/dhcp/dhcpd.conf，命令如下：

　　vi /etc/dhcp/dhcpd.conf

修改 DHCP 配置文件/etc/dhcp/dhcpd.conf，如图 6-8 所示。

```
# to which a BOOTP client is connected which has the dynamic-bootp flag
# set.
host fantasia {
    hardware ethernet 00:0c:29:21:d2:48;  表示：特定主机的MAC地址
    fixed-address 192.168.174.158;        分配给固定的IP地址
}
```

图 6-8　编辑配置文件/etc/dhcp/dhcpd.conf

修改完成后，保存退出。

(2) DHCP 服务重启，命令如下：

　　service dhcpd restart

(3) 测试。

重启绑定 IP 地址的特定计算机，或者重置网卡后进行测试。

本节使用 Windows 系统进行 MAC 地址与 IP 地址的绑定操作。以上配置完成后，DHCP

服务器就能对特定主机进行特定 IP 地址的获取了。在本例中，MAC 地址为：00:0C:29:21:d2:48 的 Windows 7 系统的主机在开机时，能自动获取 192.168.174.158 的 IP 地址，其他主机不能占用该地址。

也可以在 Linux 系统下进行测试，只是在查看 MAC 地址时，需要使用 ifconfig 命令查看 MAC 地址，测试过程如图 6-9 所示，其他操作步骤两种系统相同。

```
[root@localhost yum.repos.d]# ifconfig
eth0      Link encap:Ethernet  HWaddr 00:0C:29:B2:1B:D7
          inet addr:192.168.174.8  Bcast:192.168.174.255  Mask:255.255.255.0
          inet6 addr: fe80::20c:29ff:feb2:1bd7/64 Scope:Link
          UP BROADCAST RUNNING MULTICAST  MTU:1500  Metric:1
          RX packets:30516 errors:0 dropped:0 overruns:0 frame:0
          TX packets:10065 errors:0 dropped:0 overruns:0 carrier:0
          collisions:0 txqueuelen:1000
          RX bytes:37950083 (36.1 MiB)  TX bytes:633820 (618.9 KiB)
```

图 6-9　查看 MAC 地址

6.4.3　DHCP 多作用域的配置

在 6.4.1 节～6.4.3 节中，我们使用单网卡的方式实现 DHCP 作用域的配置。随着网络规模的发展，电脑的多网卡配置已经成为趋势。那么在 Linux 系统中，如何实现多网卡 DHCP 的多作用域配置呢？

1. 任务背景

公司由于日益壮大发展，新增加了一个部门，而且人数也较多，大约在 300 人左右。这时，一个 DHCP 服务器(只能分配三类网段的 IP 地址)分配的主机数量肯定不够用了，可以采用多网卡方式实现 DHCP 多作用域的配置。

注意：DHCP 服务器的 IP 地址一定是静态的，不能通过 DHCP 动态获取。

2. 配置方案

(1) DHCP 服务器静态 IP 地址的设置可通过图形用户界面进行设置，具体方法可参考 6.4.1 节的第一步 IP 地址的配置。配置后的 IP 地址如图 6-10 所示。

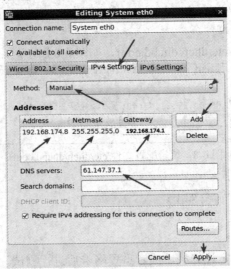

图 6-10　使用图形界面的方式设置 IP 地址

(2) IP 地址设置完成后重启网络服务，命令如下：

    service network restart

(3) 在虚拟机中添加一块新网卡，方法为：选择虚拟机的操作系统，右键选中"设置"，在虚拟机设置界面点击"添加"按钮，进入"添加硬件向导"界面，然后选中"网络适配器"，点击"下一步"即可进入添加硬件向导，如图 6-11 所示。

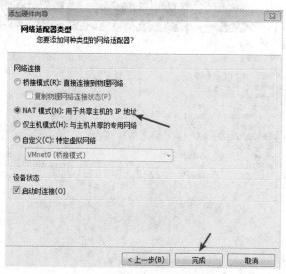

图 6-11　网络类型设置

选择"NAT 模式"，点击"完成"即可成功添加网络适配器。按照图 6-12 所示进行设置，其中原网络适配器选择 VMnet8 的模式。

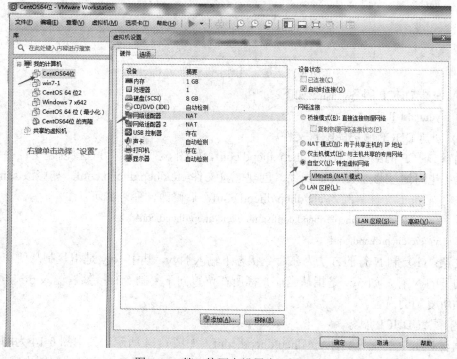

图 6-12　第一块网卡设置为 VMnet8

(4) 对虚拟机新增加的网络适配器进行设置。

新添加的网络适配器 2 选择 VMnet1(仅主机模式)，如图 6-13 所示。

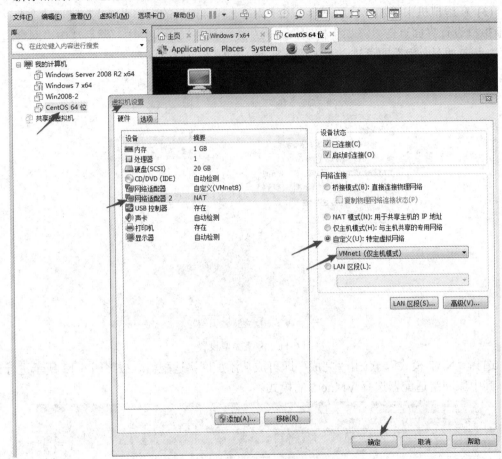

图 6-13　第二块网卡设置为 VMnet1

(5) 安装 DHCP 服务，命令如下：

　　　yum install dhcp –y

(6) 创建 DHCP 服务的配置文件。

编辑 DHCP 的配置文件/etc/dhcp/dhcpd.conf，如图 6-3 所示。可直接创建文件并手动添加代码；也可通过修改 sample 文件，创建配置文件/etc/dhcp/dhcpd.conf。如修改 sample 文件，先将 sample 文件复制为/etc/dhcp/dhcpd.conf，后修改，命令如下：

　　　cp /usr/share/doc/dhcp*/dhcpd.conf.sample /etc/dhcp/dhcpd.conf

　　　vi /etc/dhcp/dhcpd.conf

注意：vi 复制 N 行的方法为在命令状态下输入 Nyy，其中 Nyy 是指复制从所在光标处开始向下的 N 行，如 5yy 是指从当前光标所在位置向下复制 5 行；然后输入 p，其中 p 是指粘贴所复制的内容。

(7) 配置 DHCP 服务。

编辑 DHCP 的配置文件/etc/dhcp/dhcpd.conf，如图 6-14 所示。其中图 6-14 为网络子网 192.168.174.0 网段的配置内容，图 6-15 为网络子网 192.168.160.0 网段的配置内容。

```
File  Edit  View  Search  Terminal  Help
#
# DHCP Server Configuration file.
#   see /usr/share/doc/dhcp*/dhcpd.conf.sample
#   see 'man 5 dhcpd.conf'
#
添加吐下代码：
ddns-update-style none;    定义所支持的DNS动态更新类型：none表示不支持动态更新
subnet 192.168.174.0 netmask 255.255.255.0 {subnet表示网络号，netmask表示子网掩码
    range 192.168.174.150 192.168.174.200;    rang 表示动态分配的地址范围
    option domain-name-servers 61.147.37.1;    表示DNS服务器的IP
    option routers 192.168.174.1;    表示网关主机的IP
    default-lease-time 600;    最短租约时间
    max-lease-time 7200; 最长租约时间
}
```

图 6-14　编辑配置文件/etc/dhcp/dhcpd.conf 第一网段

```
56 ddns-update-style none;
57 subnet 192.168.160.0 netmask 255.255.255.0 {
58     range 192.168.160.150 192.168.160.200;
59     option domain-name-servers 161.47.123.25;
60     option routers 192.168.160.1;
61     default-lease-time 600;
62     max-lease-time 7200;
63 }
```

图 6-15　编辑配置文件/etc/dhcp/dhcpd.conf 第二网段

(8) 服务器网络设置。

重启网络服务或重启虚拟机，使设置的网络生效，命令如下：

　　　service network restart

服务器的网络设置如图 6-16 所示。

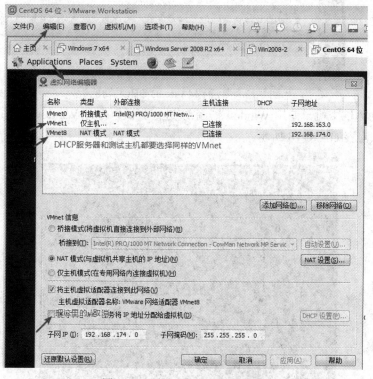

图 6-16　测试主机的主网络配置

(9) 关闭防火墙，命令如下：

　　　service iptables stop

(10) 启动 DHCP 服务，命令如下：

service dhcpd start

(11) 设置 DHCP 服务随系统启动而启动，命令如下：

chkconfig dhcpd on

(12) 测试 DHCP 服务，首先要取消 VMware 软件自带的 DHCP 服务功能，如图 6-17 所示。

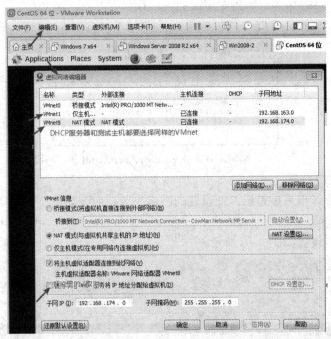

图 6-17　取消 VMware 的 DHCP 功能

(13) 启动测试主机，使用 Windows 7 系统进行测试。打开 Windows 7 系统的命令提示符窗口，测试内容如图 6-18 所示。

图 6-18　Windows 7 客户机测试结果

（14）对客户端的 Linux 系统进行测试，网络模式同服务器，如图 6-19 所示。

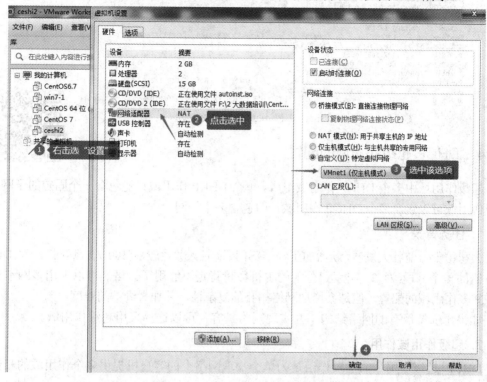

图 6-19 Linux 测试主机的网络配置

进入服务器，通过命令"ifconfig"查看 IP 地址，如图 6-20 所示。

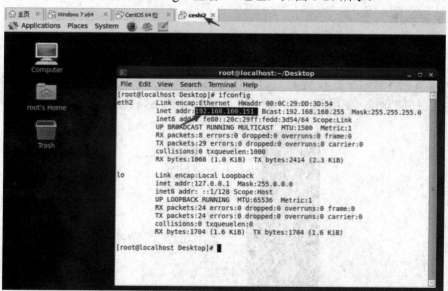

图 6-20 Linux 客户机测试结果

（15）在 Linux 客户端使用命令"netstat –rn"或"route -n"查看网络信息，操作过程如图 6-21 所示。

另外，也可通过"cat /etc/resolv.conf"命令查看本机 DNS 信息。

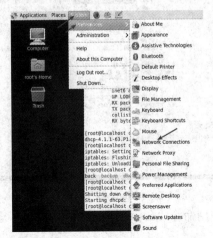

图 6-21　使用命令 netstat 和 route 查看网络信息

6.4.4　DHCP 超级作用域的配置

超级作用域由多个 DHCP 作用域组成。单个 DHCP 作用域只能包含一个固定的子网，而超级作用域可以包含多个 DHCP 作用域，即包含多个子网。

1. 任务背景

公司由于日益壮大发展，新增加了一个部门，而且人数也较多(300 人)。这时，一个 DHCP 服务器的一个网段(为 3 类网段)分配的主机数量肯定不够用了。虽然可以采用多网卡实现 DHCP 多作用域的配置，但是会增加网络拓扑的复杂性，并加大维护的难度。

如果想保持现有的网络结构，并实现网络扩容，可以选择采用超级作用域。

2. 超级作用域作用

DHCP 超级作用域的主要作用是为单个物理网络上的客户机提供多个作用域的租约，且支持 DHCP 和 bootp 中继代理。

注意：DHCP 服务器的 IP 地址一定是静态的，同多作用域的配置。

3. 配置步骤

(1) 安装 DHCP 服务，命令如下：

```
yum install dhcp –y
```

(2) 设置服务器为静态 IP 地址，可使用图形用户界面的方式，也可以采用命令方式或修改配置文件的方式。使用图形用户界面的方法修改网络路径的过程，如图 6-22 所示。

图 6-22　超级作用域服务器网络设置路径

eth0 网络的修改步骤如图 6-23 所示。

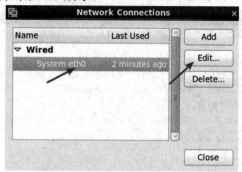

图 6-23　选择网卡进行编辑

打开 eth0 的网卡后，选择 IPv4 设置，使用手工设置 IP 地址的方式设置网络，然后点击"add"按钮，添加 IP 地址、默认网关和路由信息，如图 6-24 所示。

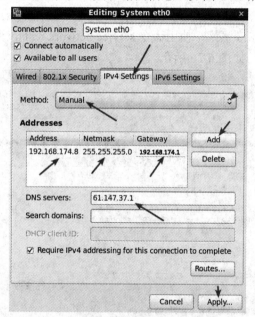

图 6-24　超级作用域服务器网络设置

设置完成后，重启网络服务，命令如下：

```
service network restart
```

(3) 创建配置文件。

修改 sample 的方法为：复制文件/usr/share/doc/dhcp*/dhcpd.conf.sample，将其命名为/etc/dhcp/dhcpd.conf，并打开配置文件，参照 6.4.2 节内容，命令如下：

```
cp /usr/share/doc/dhcp*/dhcpd.conf.sample    /etc/dhcp/dhcpd.conf
vi /etc/dhcp/dhcpd.conf
```

注意：vi 复制 N 行的方法为在命令状态下输入 Nyy，其中 Nyy 是指复制从所在光标处开始向下的 N 行，如 5yy 是指从当前光标所在位置向下复制 5 行；然后输入 p，其中 p 是指粘贴所复制的内容。

(4) 配置 DHCP 服务。

编辑 DHCP 的配置文件/etc/dhcp/dhcpd.conf，如图 6-25 所示。

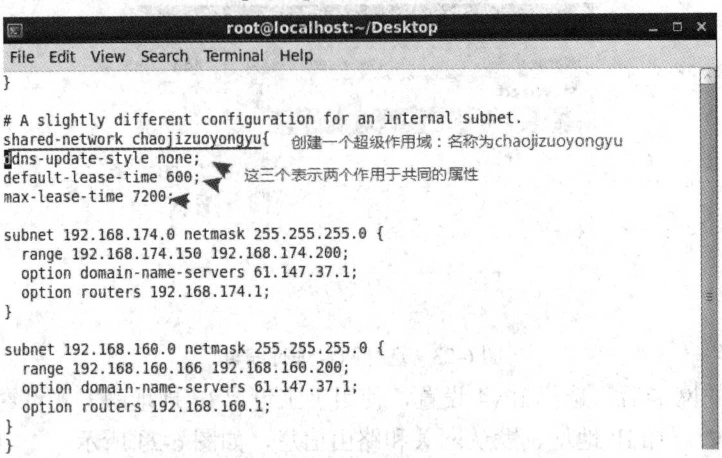

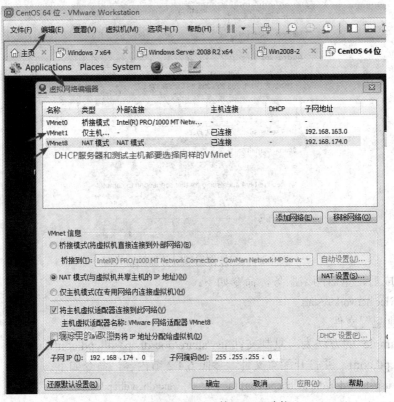

图 6-25　修改配置文件/etc/dhcp/dhcpd.conf

(5) 参照 6.4.3 步骤(8)的操作，使用命令 service network restart 重启服务。取消 VMware
软件自带的 DHCP 服务，如图 6-26 所示。

图 6-26　取消 VMware 的 DHCP 功能

(6) 关闭防火墙，命令如下：

　　service iptables stop

(7) 启动 DHCP 服务，命令如下：

　　service dhcpd start

(8) 设置 DHCP 服务随系统启动而启动，命令如下：

chkconfig dhcpd on

(9) 设置测试机的网络，如图 6-27 所示。

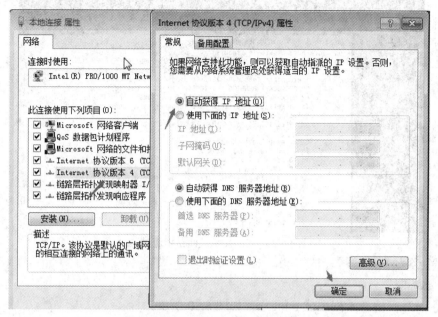

图 6-27　WIN7 测试机网络设置

(10) 客户机测试，以 Windows 7 为例，在命令提示符窗口中进行测试。测试内容如图 6-28 所示。

图 6-28　Windows 7 客户机测试

(11) 客户机测试，以 Linux 系统为例，使用 ifconfig 命令查看 IP 地址和默认网关信息，如图 6-29 所示。

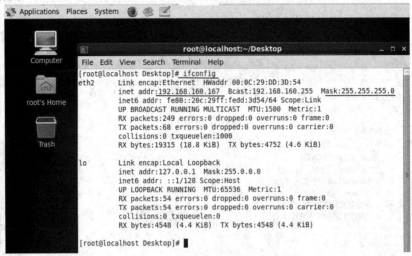

图 6-29　Linux 系统测试机测试

测试命令如下：

　　ifconfig

使用 netstat -rn 查看网关或 route -n，如图 6-30 所示。

```
[root@localhost Desktop]# route -n
Kernel IP routing table
Destination     Gateway         Genmask         Flags Metric Ref    Use Iface
192.168.160.0   0.0.0.0         255.255.255.0   U     1      0        0 eth2
0.0.0.0         192.168.160.1   0.0.0.0         UG    0      0        0 eth2
```

图 6-30　使用 route 命令查看网关

命令如下：

　　route -n

可以通过配置文件 cat /etc/resolv.conf 查看本机 DNS，如图 6-31 所示。

```
[root@localhost Desktop]# cat /etc/resolv.conf
# Generated by NetworkManager
domain example.org
search example.org
nameserver 61.147.37.1
```

图 6-31　通过配置文件/etc/resolv.conf 查看 DNS

也可以通过命令 nslookup 查看 DNS，如图 6-32 所示。

```
[root@localhost yum.repos.d]# nslookup
> server
Default server: 61.147.37.1
Address: 61.147.37.1#53
```

图 6-32　通过 nslookup 命令查看 DNS

(12) 测试结果分析。

两个测试主机的 IP 地址在同一个网段，没有体现出超级作用域的作用。

原因：DHCP 超级作用域里每一个网段地址池里的主机数都较多(多于两个)，用一个地址池来分配已经足够，不需要两个网段。

解决方法：把每个地址池的主机数改为 1。

修改 DHCP 的配置文件，配置文件的修改内容如图 6-33 所示。

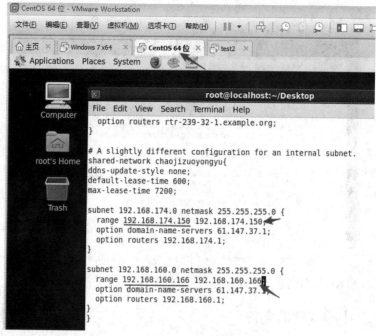

图 6-33　修改 DHCP 的配置文件

打开配置文件的命令如下：

vi /etc/dhcp/dhcpd.conf

重启 DHCP 服务，命令如下：

service dhcpd restart

重启 Windows 7 测试机，如图 6-34 所示。

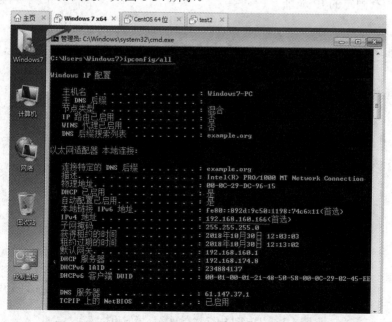

图 6-34　在超级作用域下对 Windows 7 测试机进行测试

重启 Linux 测试机，如图 6-35 所示。

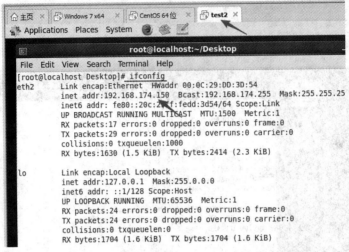

图 6-35　在超级作用域下对 Linux 测试机进行测试

结果显示，自动获取了两个网段地址池里的 IP 地址。

6.4.5　DHCP 中继代理的配置

如果 DHCP 客户端和 DHCP 服务器都位于同一个网段内，客户端获取 IP 地址的过程与描述的基本相同。但是，如果 DHCP 客户端和 DHCP 服务器位于被一个或多个路由器分隔开的不同网段上，客户端获取 IP 地址的过程就会变得更复杂，主要原因是路由器不能将广播发送到其他网络上。为了使 DHCP 可以正常工作，需要有一个中介来协助完成 DHCP 的处理过程，这就是中继代理。需要注意的是，中继代理服务器必须有固定的 IP 地址。

1. 任务背景

DHCP 服务器与要分配的主机不在同一个物理网段，但要对这些主机动态分配 IP 地址等信息。

网络环境的拓扑结构如图 6-36 所示。

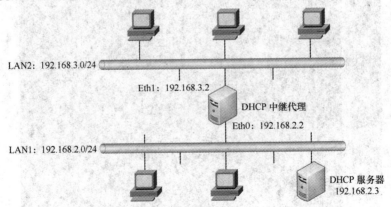

图 6-36　DHCP 中继代理网络环境的拓扑结构

2. 配置方案

(1) 利用 VMware 软件分别安装两台 Windows 7、两台 CentOS 系统。当前虚拟机中只有一台 Windows 7 和一台 CentOS 64 系统，如图 6-37 所示，因此需要复制当前虚拟机，并将虚拟机分别重命名为 Windows 7LAN1、Windows 7LAN2、CentDhcp、CentRelay，其中 Windows 7LAN1 在 LAN1 网段中，Windows 7LAN2 在 LAN2 网段中，CentDhcp 为 DHCP 服务器，CentRelay 为中继器。

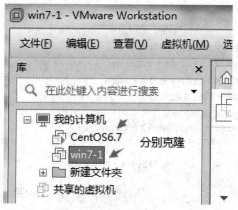

图 6-37　环境搭建

(2) 利用 VM 软件创建两个网段，创建路径如图 6-38 所示。打开虚拟网络编辑器后，需要修改的内容如图 6-39 所示。

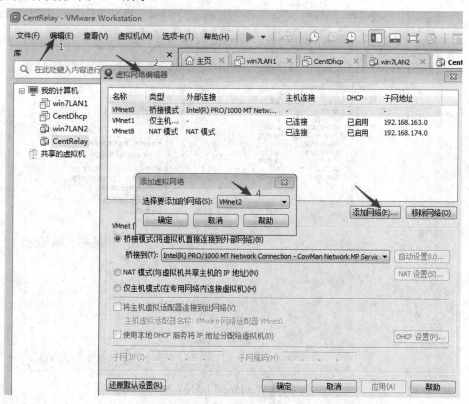

图 6-38　添加新网络 VMnet2

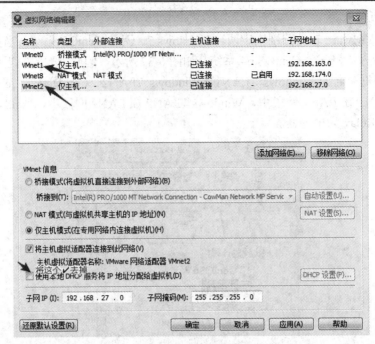

图 6-39　网络设置

(3) 按照拓扑结构将主机分配到相应的网段。在此分别设置两个网段，其中一个网段设置为 VMnet1，如图 6-40 所示。

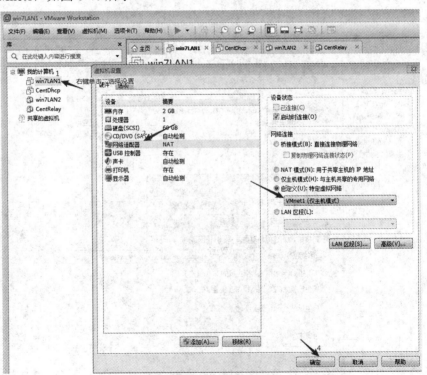

图 6-40　设置 Windows 7 LAN 1 为 VMnet1

另外一个网段设置为 VMnet2，图 6-41 所示。

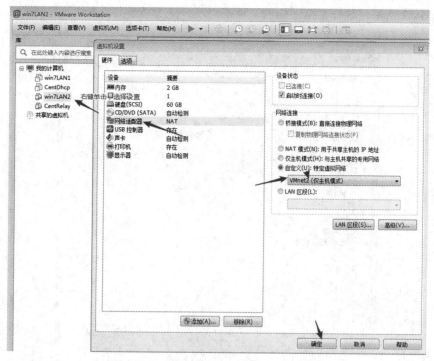

图 6-41 设置 Windows 7 LAN 2 为 VMnet2

(4) 设置 DHCPrelay 服务器。

DHCPrelay 服务器的设置分为两步：

① 安装双网卡。网卡安装路径如图 6-42 所示。

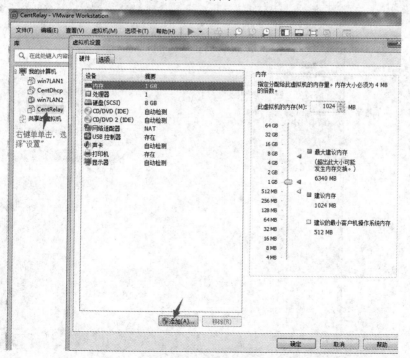

图 6-42 网卡安装"路径"

　　如图 6-43 所示，选择网络适配器，点击"下一步"按钮，选择 NAT 模式，即可完成安装。

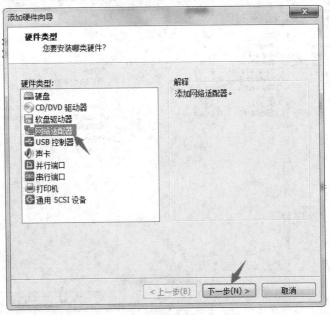

图 6-43　双网卡安装完成

② 第一个网络适配器选择 VMnet1 网段，如图 6-44 所示。

图 6-44　第一个网络适配器设置

网络适配器 2 选择 vMnet2 网段，如图 6-45 所示。

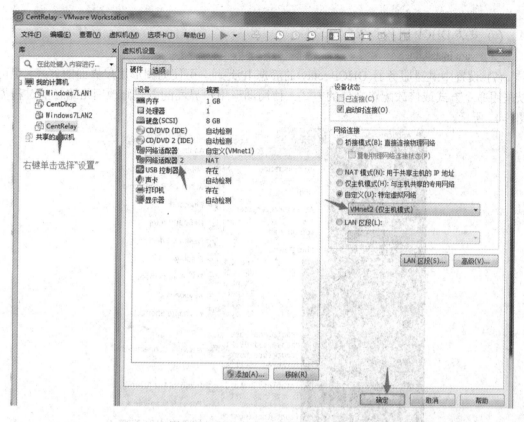

图 6-45　新添加的网络适配器的设置

(5) 配置 DHCP 服务器的 IP 地址等信息。配置信息要与拓扑结构图 6-36 中 DHCP 服务器的地址相同，如图 6-46 所示。

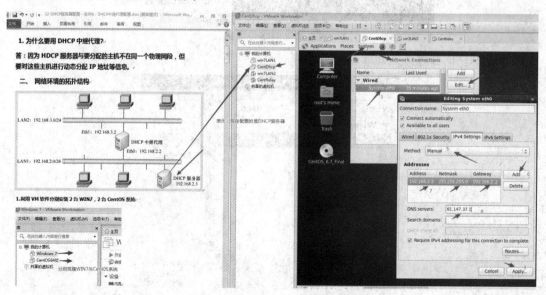

图 6-46　配置 DHCP 服务器的 IP 地址

重启网络服务,命令如下:

```
service network restart
```

(6) 安装 DHCP 服务,命令如下:

```
yum install dhcp –y
```

(7) 设置中继器服务器(DHCP relay)的静态 IP 地址,可使用图形用户界面的方式,也可以采用命令方式或修改配置文件的方式。使用图形用户界面的方式修改网络路径的过程如图 6-47 所示。

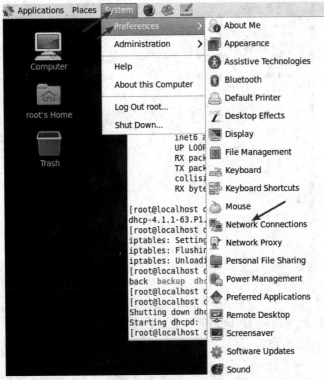

图 6-47　网络设置路径

eth0 网络的修改方式如图 6-48 所示。

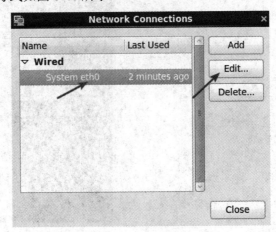

图 6-48　网络设置界面

打开 eth0 的网卡后，选择 IPv4 设置，使用手工设置 IP 地址的方式设置网络，然后点击"add"按钮，添加 IP 地址、默认网关和路由信息，如图 6-49 所示。

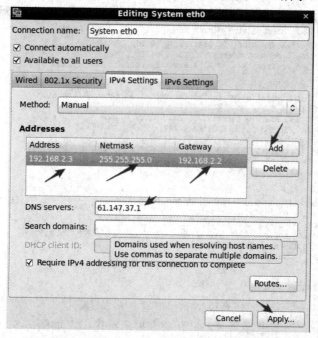

图 6-49　使用图形界面的方式修改 eth0 的网络设置

重启网络服务，命令如下：

service network restart

(8) 手动添加代码或修改 sample 文件。

本节采用修改 sample 的方法，复制文件/usr/share/doc/dhcp*/dhcpd.conf.sample 并将其命名为/etc/dhcp/dhcpd.conf，然后打开配置文件，参照 6.4.3 节步骤(6)的内容，命令如下：

cp /usr/share/doc/dhcp*/dhcpd.conf.sample　/etc/dhcp/dhcpd.conf

vi /etc/dhcp/dhcpd.conf

注意：vi 复制 N 行的方法为在命令状态下输入 Nyy，其中 Nyy 是指复制从所在光标处开始向下的 N 行，如 5yy 是指从当前光标所在位置向下复制 5 行；然后输入 p，其中 p 是指粘贴所复制的内容。

在打开的 DHCP 配置文件中进行编辑，修改内容如图 6-50 所示。本例建立了两个网段，网段一为 192.168.2.0，IP 地址分配范围为 192.168.2.150～192.168.2.200；网段二为 192.168.3.0，IP 地址分配范围为 192.168.3.166～192.168.3.200。

(9) 关闭防火墙，命令如下：

service iptables stop

(10) 启动 DHCP 服务，命令如下：

service dhcpd start

(11) 设置 DHCP 服务随系统启动而启动，命令如下：

chkconfig dhcpd on

(12) 设置 DHCP 服务器返回中继客户端的路由，命令如下：

ip route add 192.168.3.0/24 via 192.168.2.2

(13) 测试 DHCP 服务。

```
                  root@localhost:/etc/yum.repos.d
File  Edit  View  Search  Terminal  Help
     range dynamic-bootp 10.254.239.40 10.254.239.60;
     option broadcast-address 10.254.239.31;
     option routers rtr-239-32-1.example.org;
}

# A slightly different configuration for an internal subnet.
ddns-update-style none;
subnet 192.168.2.0 netmask 255.255.255.0 {      lan1
     range 192.168.2.150 192.168.2.200;        lan1 动态地址池
     option domain-name-servers 61.147.37.1;
     option routers 192.168.2.2;      网关：DHCP中继代理的Eth0的IP
     default-lease-time 600;
     max-lease-time 7200;
}

subnet 192.168.3.0 netmask 255.255.255.0 {      lan2
     range 192.168.3.166 192.168.3.200;        lan2动态地址池
     option domain-name-servers 61.147.37.1;
     option routers 192.168.3.2;  lan2网关：DHCP中继代理的Eth1的IP地址
     default-lease-time 600;
     max-lease-time 7200;
}

-- INSERT --
```

图 6-50　编辑 DHCP 的配置文件

本例以 Win7lan1 为例进行测试，打开命令提示符窗口，如图 6-51 所示，测试内容如图 6-52 所示。

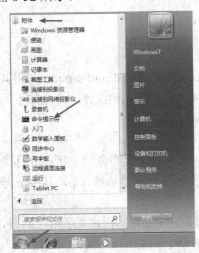
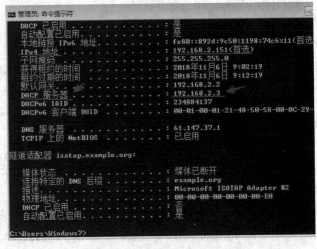

图 6-51　Windows 7 测试主机测试路径　　　　图 6-52　Windows 7 测试 DHCP 服务

6.5　知 识 拓 展

某企业计划搭建一台 DHCP 服务器来解决 IP 地址动态分配的问题，要求能够分配 IP 地址以及网关、DNS 等其他网络属性信息，同时要求 DHCP 服务器为 DNS、Web、Samba 服务器分配固定 IP 地址。该公司网络拓扑图如图 6-53 所示。

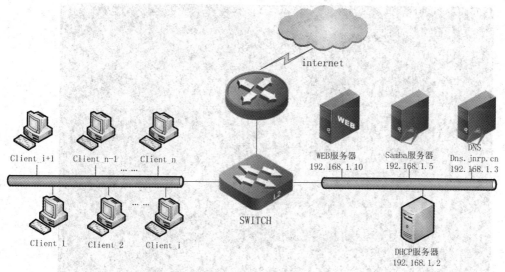

图 6-53 公司的网络拓扑图

1. 需求分析

假设企业 DHCP 服务器的 IP 地址为 192.168.1.2；DNS 服务器的域名为 dns.jnrp.cn，IP 地址为 192.168.1.3；Web 服务器的 IP 地址为 192.168.1.10；Samba 服务器的 IP 地址为 192.168.1.5；网关地址为 192.168.1.254；地址范围为 192.168.1.3～192.168.1.150，掩码为 255.255.255.0。

2. 配置方案

在 DHCP 的服务器端和客户端进行地址分配时，其方法是有区别的。如果按照同样的方法进行配置，将会导致配置失败。

1) DHCP 服务器的配置

DHCP 服务器的配置步骤如下：

(1) 检测系统是否安装了 DHCP 服务器对应的软件包；如果没有安装的话，先进行安装，安装命令如图 6-54 所示。

```
[root@mlx ~]# rpm -q dhcpd
package dhcpd is not installed
[root@mlx ~]# mount /media/cdrom
mount: block device /dev/hdc is write-protected, mounting read-only
[root@mlx ~]# cd /media/cdrom/RedHat/RPMS/
[root@mlx RPMS]# rpm -ivh dhcp*
warning: dhcp-3.0.1-12_EL.i386.rpm: V3 DSA signature: NOKEY, key ID db42a60e
Preparing...                ########################################### [100%]
   1:dhcp                   ########################################### [ 33%]
   2:dhcp-devel             ########################################### [ 67%]
   3:dhcpv6                 ########################################### [100%]
```

图 6-54 检测系统的软件包

此服务是在无网络的情况下使用映像文件安装的，安装之前需要在虚拟机的设置界面进行映像文件的设置，具体操作可参照项目一中 1.4.2 节虚拟机的设置。

(2) 按照项目背景的要求配置 DHCP 服务器，配置文件/etc/dhcp/dhcpd.conf 的修改内容如图 6-55 所示。

```
[root@mlx RPMS]# cat /etc/dhcpd.conf|more
ddns-update-style interim;
ignore client-updates;

subnet 192.168.1.0 netmask 255.255.255.0 {

        option routers                  192.168.1.254;
        option subnet-mask              255.255.255.0;
        option domain-name              "dns.jnrp.cn";
        option domain-name-servers      192.168.1.3;

        option time-offset              -18000; # Eastern Standard Time
        range dynamic-bootp 192.168.1.40 192.168.1.150;

        default-lease-time 21600;
        max-lease-time 43200;

        host webserver {
                hardware ethernet 12:34:56:78:AB:CD;
                fixed-address 192.168.1.10;
        }
        host  dnsserver {
                hardware ethernet 00:e0:4c:01:69:91;
                fixed-address 192.168.1.3;
        host  sambaserver {
                hardware ethernet e0:43:ab:69:cd:91;
                fixed-address 192.168.1.5;
        }

        }
}
```

图 6-55　修改配置文件

(3) 利用 service dhcpd start 命令启动 DHCP 服务。

2) DHCP 客户端的配置

在 Linux 操作系统下，DHCP 客户端的配置过程如下所述：

(1) 以 root 账号登录系统。

(2) 使用命令 "vi /etc/sysconfig/network-scripts/ifcfg-eth0" 打开网卡配置文件，找到语句 "BOOTPROTO=none"，将其改为 "BOOTPROTO=dhcp"。

(3) 使用如下命令重新启动网卡：

　　　ifdown eth0

　　　ifup eth0

(4) 使用命令 "ifconfig eth0" 测试 DHCP 客户端是否已配置好，如图 6-56 所示。

```
[root@RHEL4 ~]# ifconfig eth0
eth0      Link encap:Ethernet  HWaddr 00:0C:29:CB:ED:62
          inet addr:192.168.1.20  Bcast:192.168.1.255  Mask:255.255.255.0
          inet6 addr: fe80::20c:29ff:fecb:ed62/64 Scope:Link
          UP BROADCAST RUNNING MULTICAST  MTU:1500  Metric:1
          RX packets:101 errors:0 dropped:0 overruns:0 frame:0
          TX packets:42 errors:0 dropped:0 overruns:0 carrier:0
          collisions:0 txqueuelen:1000
          RX bytes:10431 (10.1 KiB)  TX bytes:4680 (4.5 KiB)
          Interrupt:9 Base address:0x1480
```

图 6-56　测试 DHCP 客户端

配置完成。

项目七　DNS 服务器的配置与管理

7.1　项目描述

　　某企业组建了企业网。为了使企业网中的计算机能简单快捷地访问本地网络及互联网上的资源，需要在企业网中架设 DNS 服务器，以提供域名服务。

　　在开启该项目之前，首先要确定网络中 DNS 服务器的部署环境，明确 DNS 服务器的各种角色及其作用。

7.2　项目目标

学习目标

- 了解 DNS 服务器的作用及其在网络中的重要性
- 理解 DNS 的域名空间结构
- 掌握 DNS 的查询模式
- 掌握 DNS 域名的解析过程
- 掌握常规 DNS 服务器的安装与配置
- 掌握辅助 DNS 服务器的配置
- 掌握子域概念及区域委派的配置过程
- 掌握转发服务器和缓存服务器的配置
- 理解并掌握 DNS 客户机的配置
- 掌握 DNS 服务的测试

7.3　相关知识

7.3.1　DNS 的概念

　　DNS(Domain Name Service，域名服务)可实现网络访问中域名和 IP 地址的相互转换，它是互联网上用于解析网上服务器命名的一种服务。当一台主机要访问另外一台主机时，必须首先获知其地址。但 TCP/IP 中的 IP 地址是由四段以 "." 分开的数字组成的，记起来总是不如名字方便，所以就采用了域名系统来管理名字和 IP 地址的对应关系。

7.3.2　域名空间简介

实质上，域名空间就是我们经常说到的 "域名+网站空间"，是二者的一个统称。DNS 通过划分域名空间，使各机构通过自己的域名空间建立 DNS 信息。在互联网中，域名空间往往是一个倒置的树形结构，称为 DNS 树。树的最大深度不超过 127 层，树中的每个域名节点最长可以存储 63 个字符。需要注意的是，域名的名字空间结构和解析依赖结构都是单根树，根域是名字空间的顶点，根服务器是域名解析的起点。

下面简单介绍一下域名系统常用的基本术语。

1. 域和域名

DNS 树的每个节点代表一个域，通过这些节点对整个域名空间进行划分，使其成为一个层次结构。域名空间中每个域的名字通过域名进行表示，域名通常由一个完全正式域名（Fully Qualified Domain Name，FQDN）标识。

一个 DNS 域内的服务器包括主域服务器、子域服务器和辅助域服务器三种。每个服务器（或者称之为一个机构）都可拥有名称空间的某一部分授权，负责该部分名称空间的解析和管理。例如，在 www.baidu.com 中，baidu 为 com 域的子域，而 www 则为 baidu 域中的 Web 主机。

2. 互联网域名空间

DNS 根域下面是顶级域，也由互联网(Internet)域名注册授权机构管理，其中共有三种顶级域，分别为组织域、地理域和反向域。组织域采用三个字符的代号，表示 DNS 域中所包含的组织的主要功能或活动；地理域采用两个字符的国家或地区代号，如 cn 为中国，kr 为韩国，us 代表美国；反向域是一个特殊域，名字为 in-addr.arpa，用于将 IP 地址映射到域名。

3. 区

区(Zone)是 DNS 名称空间的一个连续部分，包含了一组存储在 DNS 服务器上的资源记录。需要说明的是，区并不是域。

7.3.3　DNS 服务器的工作流程

DNS 域分为客户端和服务器，其中客户端扮演发问的角色。例如客户端向服务器询问一个域名 163.com 时，服务器会在资源库中查询到此域名对应的 IP 地址，并对请求的客户端作出应答。互联网络中服务器数量众多，单一的服务器无法完成整个互联网络的查询请求，因此就需要众多的 DNS 服务器，其 DNS 服务器之间的信息交流路径，如图 7-1 所示。

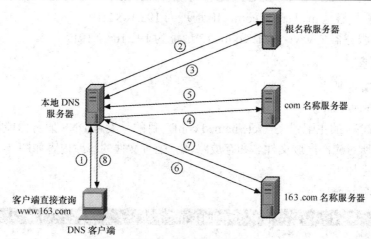

图 7-1　DNS 协议会话

该过程分为以下几步：

(1) 有一台客户端计算机通过 ISP 接入了互联网，那么 ISP 就会给客户端分配一个本地 DNS 服务器。这个本地 DNS 服务器不是权威服务器，而是相当于一个代理的 dns 解析服务器，它会帮客户端迭代权威服务器返回的应答，然后把最终查到的 IP 返回给客户端。现在，客户端计算机要向这台本地 DNS 发起请求查询 www.163.com 这个域名。

(2) 本地 DNS 服务器拿到请求后，先检查一下自己的缓存中有没有这个地址，有的话就直接返回。这时本地 DNS 回复的 IP 地址会被标记为非权威服务器的应答。

(3) 如果缓存中没有该地址，本地 DNS 会从配置文件里面读取 13 个根域名服务器的地址(这些地址是不变的，直接在 BIND 的配置文件中)，然后向其中一台发起请求。

(4) 根服务器拿到该请求后，知道它是 com 顶级域名下的，就会返回 com 域中的 DNS 记录。这个记录一般来说是 13 台主机名和相对应的 IP 地址。

(5) 本地 DNS 服务器向其中一台再次发起请求。如果 com 域的服务器发现客户端的请求是 163.com 的，就返回给本地 DNS 服务器，本地 DNS 服务器继续查找。

(6) 本地 DNS 不厌其烦地再次向 163.com 域的权威服务器发起请求，163.com 收到请求之后，若查到有 www 的主机，就会把这个主机的 IP 地址返回给本地 DNS 服务器。

(7) 本地 DNS 服务器拿到 IP 地址之后将其返回给客户端，并且把该地址保存在高速缓存中。

7.4　任务实施

7.4.1　常规 DNS 服务器的配置

配置 DNS 服务器有利于提高客户端访问网络的速度。

1. 任务要求

(1) 授权 DNS 服务器管理域 smile.com，并把该区域的区域文件命名为 smile.com.zone。

(2) DNS 服务器是 dns.smile.com，IP 地址为 192.168.2.2。

(3) mail 服务器是 mail.smile.com，IP 地址为 192.168.2.10。

(4) www 服务器是 www.smile.com，IP 地址为 192.168.2.101。

2. 配置方案

(1) 安装 DNS 服务，命令如下：

```
yum install bind -y
```

(2) 修改 DNS 的主配置文件/etc/named.conf，目的是设置 DNS 服务器能够管理的区域以及这些区域所对应的区域文件名和存放路径。配置文件的修改内容如图 7-2 所示。打开配置文件的命令如下：

```
vi   /etc/named.conf
```

图 7-2　修改配置文件/etc/named.conf

(3) 创建并修改 smile.com 的解析文件 smile.com.zone，按照配置文件 named.conf 中指定的路径建立区域文件。该文件主要记录该区域内的资源记录，操作过程如图 7-3 所示。

图 7-3　查看解析文件

修改配置文件 smile.com.zone，如图 7-4 所示。打开配置文件的命令如下：

vi smile.com.zone

```
$TTL 2D
@        IN SOA   smile.com. sun.163.com. (
                                    2018110800  ;serial
             不要忘记后面有" . "    1D      ; refresh
                                    1H      ; retry
                                    1W      ; expire
                                    3H )    ; minimum
@        NS       dns.smile.com.  NS:列出服务器名称，格式：区域名  NS  完整主机名
dns      A        192.168.2.2    指定主机名" dns " 解析的IP地址为：192.168.2.2
mail     A        192.168.2.10   指定主机名" mail " 解析的IP地址为：192.168.2.10
www      A        192.168.2.101  指定主机名 " www " 解析的IP地址为：192.168.0.101
```

图 7-4　修改配置文件 smile.com.zone

(4) 配置反向解析区域，打开配置文 /etc/named.conf，命令如下所示：

vi /etc/named.conf

在配置文件中添加如图 7-5 所示的代码。

```
zone "2.168.192.in-addr.arpa" IN {
        type master;
        file "2.168.192.in-addr.arpa.zone";
};
```

图 7-5　修改配置文件/etc/named.conf

创建路径 /var/named，命令如下：

cd /var/named

复制文件 named.localhost 并将其命名为 2.168.192.in-addr.arpa.zone，命令如下：

cp named.localhost 2.168.192.in-addr.arpa.zone

打开反向解析配置文件 2.168.192.in-addr.arpa.zone，命令如下：

vi 2.168.192.in-addr.arpa.zone

对配置文件进行修改，如图 7-6 所示。

```
⊠                        root@localhost:/var/named
 File  Edit  View  Search  Terminal  Help
$TTL 1D
@        IN SOA   2.168.192.in-addr.arpa. sun.163.com. (
                                    2018110801      ; serial
                                    1D      ; refresh
                                    1H      ; retry
                                    1W      ; expire
                                    3H )    ; minimum
@        NS       dns.smile.com.  主DNS服务器
2        PTR      dns.smile.com.  表示：2 IP地址对应的域名为：dns.smile.com
10       PTR      mail.smile.com. 表示：192.168.2.10 对应的域名为 mail.smile.com
101      PTR      www.smile.com.  表示：192.168.2.101 对应的域名为：www.smile.com
```

图 7-6　修改配置文件 2.168.192.in-addr.arpa.zone

(5) 修改解析文件所属的组，并让 named 组具有权限读取两个解析文件，如图 7-7 所示。

```
rw-r-----. 1 root  root   228 Nov  8 03:51 smile.com.zone
root@localhost named]# chgrp named smile.com.zone    修改组为：named 目的：
root@localhost named]# ll                            让named组可以读且该解析
otal 32                                              文件
```

图 7-7　修改解析文件所属组

修改解析文件的命令如下：

    chgrp named smile.com.zone

    chgrp named 2.168.192.in-addr.arpa.zone

(6) 修改本机 DNS 服务器的 IP 地址为 192.168.2.2，如图 7-8 所示。

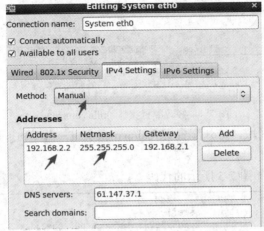

图 7-8   修改 DNS 服务器的 IP 地址

重启网络服务，命令如下：

    service   network restart

(7) 关闭防火墙，命令如下：

    service iptables stop

(8) 启动 DNS 服务，命令如下：

    service named restart

(9) 使用 Windows 7 系统进行测试，方法为先修改 Windows 7 系统的 IP 地址，如图 7-9 所示。

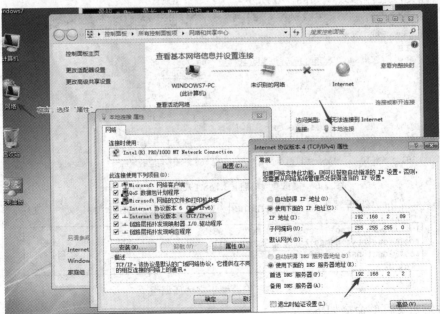

图 7-9   Windows 7 测试机网络设置

打开命令提示符窗口，使用命令 nslookup 进行测试，测试内容如图 7-10 所示。

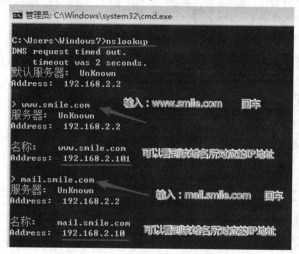

图 7-10 使用命令 nslookup 进行测试

(10) 反向查询测试。同样以 Windows 7 系统为例，在命令提示符窗口中进行测试，测试内容如图 7-11 所示。

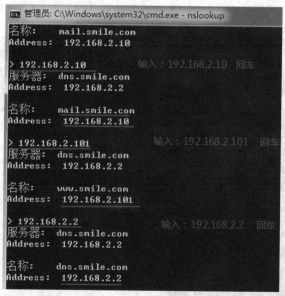

图 7-11 反向查询测试

配置完成。

7.4.2 辅助 DNS 服务器的配置

为了便于管理，通常将 DNS 划分为若干个区域，每个区域由一个或多个域名服务器负责解析。如果采用单独的 DNS 服务器而该服务器没有响应，那么该区域的域名解析就会失败。因此每个区域建议使用多个 DNS 服务器，可以提供域名解析容错功能。

对于存在多个域名服务器的区域，必须选择一台主域名服务器(master)，保存并管理整个区域的信息，其他服务器称为辅助域名服务器(slave)。

1. 任务背景

(1) 授权 DNS 服务器管理 smile.com，并把该区域的区域文件名命名为 smile.com.zone。

(2) DNS 主服务器是 dns.smile.com，IP 地址为 192.168.2.2。

(3) DNS 辅助服务器的 IP 地址为 192.168.2.3。

(4) mail 服务器是 mail.smile.com，IP 地址为 192.168.2.10。

(5) www 服务器是 www.smile.com，IP 地址为 192.168.2.101。

2. 配置方案

1) 主 DNS 服务器的配置

主 DNS 服务的配置步骤同 7.4.1 小节的配置方案。

2) 辅助 DNS 服务的配置

配置辅助 DNS 服务时，需要新增加一台 Centos 的 Linux 操作系统，配置步骤如下：

(1) 安装 DNS 服务，命令如下：

　　yum install bind -y

(2) 使用图形用户界面的方式将其 IP 地址修改为 192.168.2.3，如图 7-12 所示。

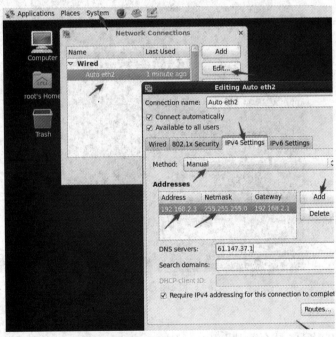

图 7-12　网络 IP 地址设置

修改完成后重启网络服务，命令如下：

　　service network restart

(3) 打开 DNS 的主配置文件 /etc/named.conf，命令如下：

　　vi /etc/named.conf

对配置文件的内容进行修改，如图 7-13 和图 7-14 所示。

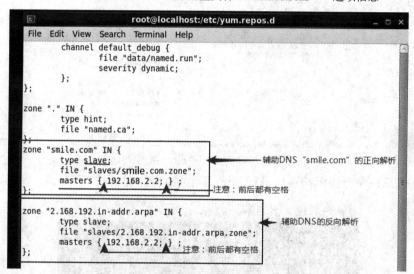

```
//

options {
        listen-on port 53 { any; };
        listen-on-v6 port 53 { ::1; };
        directory        "/var/named";
        dump-file        "/var/named/data/cache_dump.db";
        statistics-file "/var/named/data/named_stats.txt";
        memstatistics-file "/var/named/data/named_mem_stats.txt";
        allow-query      { any; };
        recursion yes;

        dnssec-enable no;
        dnssec-validation no;
        dnssec-lookaside auto;

        /* Path to ISC DLV key */
        bindkeys-file "/etc/named.iscdlv.key";

        managed-keys-directory "/var/named/dynamic";
};
```

图 7-13　修改配置 DNS 的主配置文件/etc/named.conf——选项信息

```
        channel default_debug {
                file "data/named.run";
                severity dynamic;
        };
};

zone "." IN {
        type hint;
        file "named.ca";
};
zone "smile.com" IN {
        type slave;
        file "slaves/smile.com.zone";
        masters { 192.168.2.2; } ;
};

zone "2.168.192.in-addr.arpa" IN {
        type slave;
        file "slaves/2.168.192.in-addr.arpa.zone";
        masters { 192.168.2.2; } ;
};
```

辅助DNS "smile.com" 的正向解析
注意：前后都有空格
辅助DNS的反向解析
注意：前后都有空格

图 7-14　配置 DNS 的主配置文件/etc/named.conf——区域信息

其中，图 7-13 修改的内容为选项信息，图 7-14 修改的为区域信息。

(4) 关闭防火墙，命令如下：

    service iptables stop

(5) 启动 DNS 服务，命令如下：

    service named restart

(6) 进入目录/var/named/slaves 并查看目录下的文件，操作步骤如图 7-15 所示。

```
[root@localhost yum.repos.d]# cd /var/named/
[root@localhost named]# ls
data dynamic named.ca named.empty named.localhost named.loopback slaves
[root@localhost named]# cd slaves
[root@localhost slaves]# ls
2.168.192.in-addr.arpa.zone  sales.com.zone
```
这两个解析文件是从主DNS服务器复制来的

图 7-15　查看目录/var/named/slaves 目录下的文件

3) 测试

(1) 测试主 DNS 服务器。

本项目在 Windows 7 系统下进行测试。进入系统后，首先修改系统的 IP 地址，如图 7-16 所示。

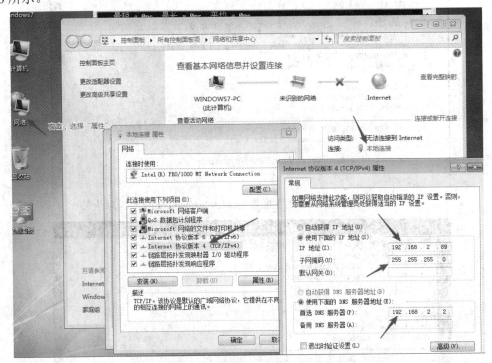

图 7-16　测试主机 IP 地址的设置

修改完成后在命令提示符窗口进行测试，测试内容如图 7-17 所示。

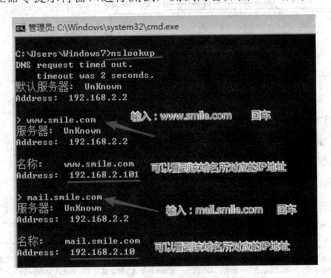

图 7-17　测试主 DNS 服务器

(2) 主 DNS 服务器的反向查询测试。

反向查询测试同样在 Windows 7 系统下进行测试，测试内容如图 7-18 所示。

图 7-18 主 DNS 服务器的反向查询测试

反向查找区域即是这里所说的 IP 反向解析，它的作用就是通过查询 IP 地址的 PTR 记录来得到该 IP 地址指向的域名。

(3) 测试辅助 DNS 服务器。

测试辅助 DNS 服务器同样是在 Windows 7 下进行查询。在测试之前，首先要修改 IP 地址，如图 7-19 所示。

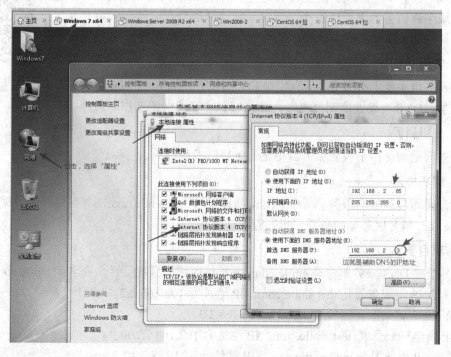

图 7-19 测试主机 IP 地址的设置

修改完成后，按如图 7-20 所示的示例进行查询。

图 7-20　测试辅助 DNS 服务器

至此，配置完成。

7.4.3　DNS 服务器区域委派的配置

在域中划分多个区域的主要目的是为了简化 DNS 的管理任务，即委派一组权威名称服务器来管理每个区域。采用这样的分布式结构的好处是，当域名称空间不断扩展时，各个域的管理员可以有效地管理各自的子域。

1. 应用背景

公司提供虚拟主机服务，所有主机的后缀域名均为 smile.com。随着虚拟主机注册量的大幅增加，DNS 查询速度明显变慢，并且域名的管理维护工作非常难。

2. 分析原因

这些问题均是由于域名服务器中记录条目过多造成的。

3. 解决办法

管理员可以为域名服务器 smile.com 新建子域 test.smile.com，并配置区域委派，以减少 smile.com 域名服务器的负荷，提高查询速度。

4. 项目要求

(1) 授权 DNS 服务器管理 smile.com，并把该区域的区域文件名命名为 smile.com.zone。

(2) DNS 主服务器是 dns.smile.com，IP 地址为 192.168.2.2。

(3) DNS 辅助服务器的 IP 地址为 192.168.2.3。

(4) 新建一个子域 test.smile.com，IP 地址为 192.168.2.200。

(5) mail 服务器是 mail.smile.com，IP 地址为 192.168.2.10。

(6) www 服务器是 www.smile.com，IP 地址为 192.168.2.101。

5. 配置方案

1) 主 DNS 服务器的配置

主 DNS 服务器的配置同 7.4.1 小节的配置方案。

2) 区域委派的配置

配置区域委派时，需要新增加一台 CentOS 的 Linux 系统，配置步骤如下所述：

(1) 在主 DNS 服务器的父域解析文件中添加子域的委派记录，并指定管理子域的权威服务器 IP 地址。

打开配置文件/var/named/smile.com.zone，命令如下：

```
vi /var/named/smile.com.zone
```

修改配置文件中正向解析文件中的委派指定，修改内容如图 7-21 所示。

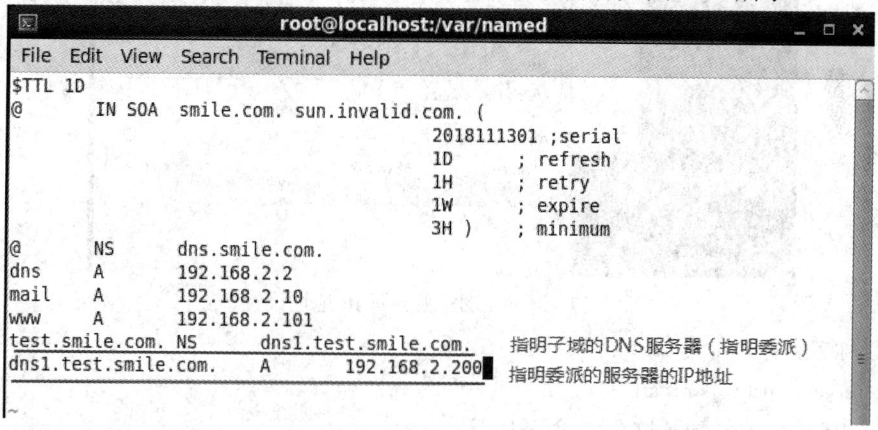

图 7-21　修改配置文件/var/named/smile.com.zone

打开反向解析文件 2.168.192.in –addr.arpa.zone，命令如下：

```
vi 2.168.192.in-addr.arpa.zone
```

修改配置文件中反向解析文件中的委派指定，修改内容如图 7-22 所示。

图 7-22　修改配置文件 2.168.192.in-addr.arpa.zone

(2) 在子域 DNS 服务器(192.168.2.200)上进行配置时，需要另外搭建一台 CentOS 的 Linux 系统，搭建方式同项目一。

(3) 安装 DNS 服务，命令如下：

```
yum install bind –y
```

(4) IP 地址的设置同 7.4.1 小节中的 IP 地址设置，子域 DNS 服务器设置的 IP 地址如图 7-23 所示。

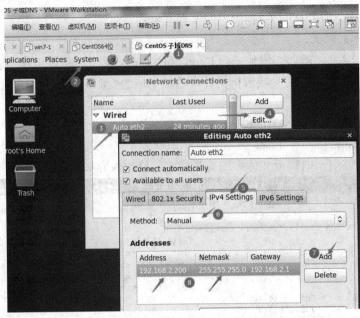

图 7-23　子域 DNS 服务器 IP 地址设置

重启网络服务，命令如下：

```
service   network restart
```

(5) 打开子域的主配置文件，命令如下：

```
vi /etc/named.conf
```

修改该配置文件，如图 7-24 和图 7-25 所示，其中图 7-24 为选项中的配置信息，图 7-25 为区域配置信息。

图 7-24　修改子域的主配置文件

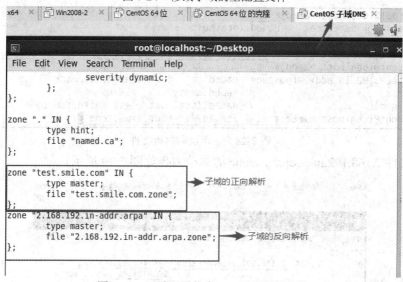

图 7-25　区域配置信息——显示解析文件

（6）添加子域的正向解析文件，可先进入/var/named 目录下，再打开配置文件，如图 7-26 所示。

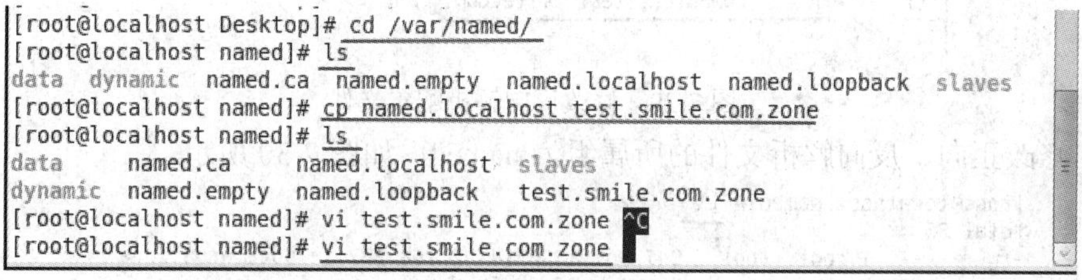

```
[root@localhost Desktop]# cd /var/named/
[root@localhost named]# ls
data  dynamic  named.ca  named.empty  named.localhost  named.loopback  slaves
[root@localhost named]# cp named.localhost test.smile.com.zone
[root@localhost named]# ls
data      named.ca      named.localhost  slaves
dynamic   named.empty   named.loopback   test.smile.com.zone
[root@localhost named]# vi test.smile.com.zone ^C
[root@localhost named]# vi test.smile.com.zone
```

图 7-26　打开配置文件分步执行命令

也可直接打开配置文件，命令如下：

　　vi /var/named/test.smile.com.zone

配置文件的修改内容如图 7-27 所示。

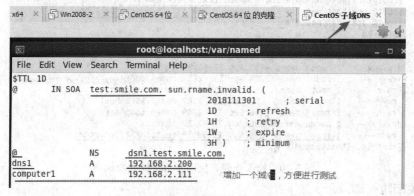

图 7-27　修改子域的正向查询文件

添加子域的反向解析文件，先打开配置文件 2.168.192.in-addr.arpa.zone，如图 7-28

所示。

```
[root@localhost named]# ls
data        named.ca       named.localhost   slaves
dynamic  named.empty  named.loopback   test.smile.com.zone
[root@localhost named]# cp named.localhost 2.168.192.in-addr.arpa.zone
[root@localhost named]# ls
2.168.192.in-addr.arpa.zone  named.ca          named.loopback
data                                  named.empty     slaves
dynamic                               named.localhost  test.smile.com.zone
[root@localhost named]# vi 2.168.192.in-addr.arpa.zone █
```

图 7-28 显示反向解析文件

配置文件 2.168.192.in-addr.arpa.zone 的修改内容如图 7-29 所示。

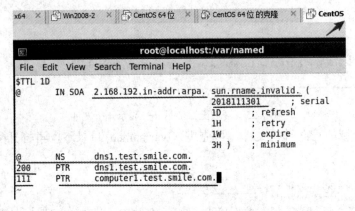

图 7-29 修改反向解析配置文件

(7) 修改正向、反向解析文件的所属组为 named，如图 7-30 所示。

```
[root@localhost named]# ll
total 36
-rw-r-----. 1 root  root    247 Nov 13 03:47 2.168.192.in-addr.arpa.zone
drwxrwx---. 2 named named 4096 Aug 27 08:39 data
drwxrwx---. 2 named named 4096 Aug 27 08:39 dynamic
-rw-r-----. 1 root  named 3289 Apr 11  2017 named.ca
-rw-r-----. 1 root  named  152 Dec 15  2009 named.empty        原来组为root
-rw-r-----. 1 root  named  152 Jun 21  2007 named.localhost
-rw-r-----. 1 root  named  168 Dec 15  2009 named.loopback
drwxrwx---. 2 named named 4096 Aug 27 08:39 slaves
-rw-r-----. 1 root  root    249 Nov 13 03:39 test.smile.com.zone
[root@localhost named]# chgrp named test.smile.com.zone     打这两行命令后
[root@localhost named]# chgrp named 2.168.192.in-addr.arpa.zone
[root@localhost named]# ll
total 36
-rw-r-----. 1 root  named  247 Nov 13 03:47 2.168.192.in-addr.arpa.zone
drwxrwx---. 2 named named 4096 Aug 27 08:39 data
drwxrwx---. 2 named named 4096 Aug 27 08:39 dynamic
-rw-r-----. 1 root  named 3289 Apr 11  2017 named.ca   修改组后都由root变为named
-rw-r-----. 1 root  named  152 Dec 15  2009 named.empty
-rw-r-----. 1 root  named  152 Jun 21  2007 named.localhost
-rw-r-----. 1 root  named  168 Dec 15  2009 named.loopback
drwxrwx---. 2 named named 4096 Aug 27 08:39 slaves
-rw-r-----. 1 root  named  249 Nov 13 03:39 test.smile.com.zone
[root@localhost named]# █
```

图 7-30 修改正向、反向解析文件的所属组

(8) 关闭防火墙，命令如下：

    service iptables stop

(9) 重启 DNS 服务，命令如下：

service named restart

3) 测试

(1) 测试主 DNS 服务器。

本项目在 Windows 7 系统下进行测试。进入系统后，首先修改系统的 IP 地址，如图
7-31 所示。

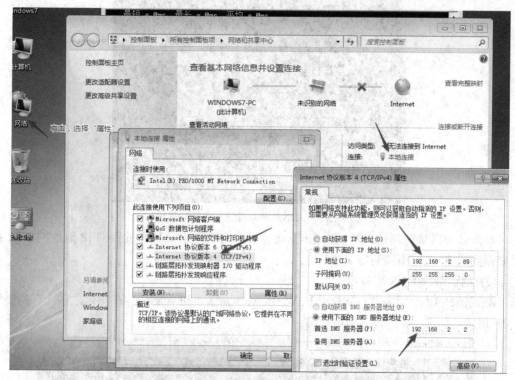

图 7-31　Windows 7 测试主机的 IP 设置

修改完成后，在命令提示符窗口进行测试，测试内容如图 7-32 所示。

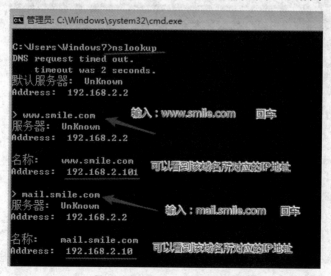

图 7-32　主 DNS 服务器的正向解析测试

反向查询测试同样在 Windows 7 系统下进行，测试内容如图 7-33 所示。

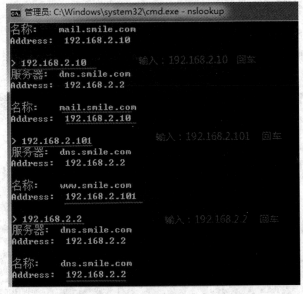

图 7-33　主 DNS 服务器的反向解析测试

反向查找区域即是这里所说的 IP 反向解析，它的作用就是通过查询 IP 地址的 PTR 记录来得到该 IP 地址指向的域名。

(2) 测试辅助 DNS 服务器。

测试辅助 DNS 服务器，同样是在 Windows 7 系统下进行测试。在测试之前，首先要修改 IP 地址，如图 7-34 所示。

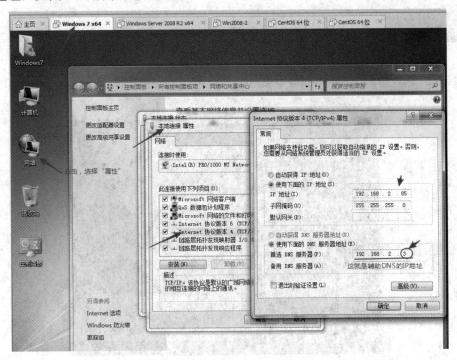

图 7-34　Windows 7 测试主机 IP 设置

修改完成后，按如图 7-35 所示的示例进行查询。

图 7-35　辅助 DNS 服务器测试

(3) 测试委派 DNS 服务器。

测试委派 DNS 服务器，同样是在 Windows 7 系统下进行测试。在测试之前，首先要修改 IP 地址，如图 7-36 所示。

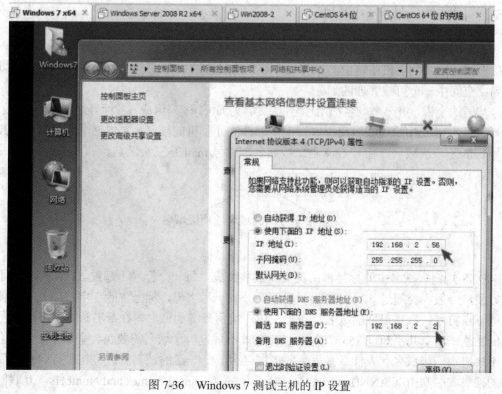

图 7-36　Windows 7 测试主机的 IP 设置

修改完成后，按如图 7-37 所示的示例进行查询。

图 7-37　委派 DNS 服务器的测试

至此，配置完成。

7.5　知 识 拓 展

7.5.1　因特网的域名空间结构

由于因特网的用户数量较多，因此在命名时采用层次树状结构的命名方法。任何一个连接在因特网上的主机或路由器都有一个唯一的层次结构名，即域名(Domain Name)。"域"是名字空间中一个可被管理的划分。

从语法上讲，每一个域名都由标号(英文名为 label)序列组成，各标号之间用点(小数点)隔开。图 7-38 是中央电视台用于收发电子邮件的计算机的域名，它由三个标号组成，其中标号 com 是顶级域名，标号 cctv 是二级域名，标号 mail 是三级域名。

图 7-38　域名结构

DNS 规定，域名中的标号都由英文和数字组成，每一个标号不超过 63 个字符(为了记忆方便，一般不会超过 12 个字符)，也不区分大小写字母，标号中除连字符(-)外不能使用其他标点符号。级别最低的域名写在最左边，级别最高的域名写在最右边。由多个标号组成的完整域名总共不超过 255 个字符。DNS 既不规定一个域名需要包含多少个下级域名，也不规定每一级域名代表什么意思。各级域名由其上一级的域名管理机构进行管理，而最高的顶级域名则由 ICANN(Internet Corporation for Assigned Names and Numbers，互联网名称与数字地址分配机构)进行管理。用这种方法可使每一个域名在整个互联网范围内是唯一的，并且也容易设计出一种查找域名的机制。

域名只是逻辑概念，并不代表计算机所在的物理地点。现在顶级域名(Top Level Domain，TLD)共有三种形式，分别为国家顶级域名、通用顶级域名和基础结构域名，域名之间的关系如图 7-39 所示。

(1) 国家顶级域名 nTLD：采用 ISO3166 的规定，如 cn 代表中国，us 代表美国，uk 代表英国等。国家域名又常记为 ccTLD，cc 表示国家代码 contry-code。

(2) 通用顶级域名 gTLD：最常见的通用顶级域名有 7 个，即 com(公司企业)、net(网络服务机构)、org(非营利组织)、int(国际组织)、gov(美国的政府部门)、mil(美国的军事部门)。

(3) 基础结构域名(Infrastructure Domain)：这种顶级域名只有一个，即 arpa，用于反向域名解析，因此称为反向域名。

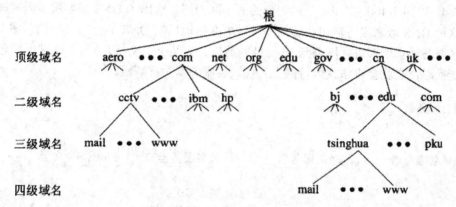

图 7-39   因特网的域名空间结构

7.5.2   域名服务器简介

如果采用如图 7-39 所示的树状结构，每一个节点都采用一个域名服务器，会使域名服务器的数量太多，降低域名服务器系统的运行效率。所以在 DNS 中，采用划分区的方法来解决。

一个服务器所负责管辖(或有权限)的范围叫做区(zone)。各单位可根据具体情况来划分自己管辖范围的区，但同一个区中的所有节点必须是能够连通的。每一个区可设置相应的权限域名服务器，用来保存该区中所有主机到域名 IP 地址的映射。总之，DNS 服务器的管辖范围不是以"域"为单位，而是以"区"为单位。区是 DNS 服务器实际管辖的范围，其中区范围小于等于域范围。

图 7-40 是区的不同划分方法的举例说明。假定 abc 公司有下属部门 x 和 y，部门 x 下面有 u、v、w 三个分部门，而 y 下面还有下属部门 t。图(a)表示 abc 公司只设一个区 abc.com，这时区 abc.com 和域 abc.com 指的是同一个范围。但图(b)表示 abc 公司划分为 abc.com 和 y.abc.com 两个区，这两个区都隶属于域 abc.com，都各自设置了相应的权限域名服务器。不难看出，此时区是域的子集。

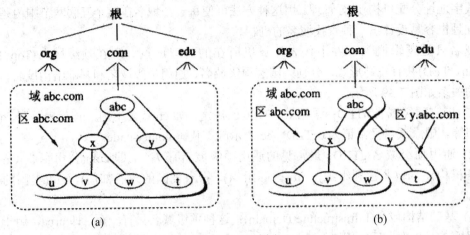

图 7-40 区划分

图 7-41 以图 7-40(b)中 abc 公司划分的两个区为例，给出了 DNS 域名服务器的树状结构图。这种 DNS 域名服务器树状结构图可以更准确地反映 DNS 的分布式结构。图中的每一个域名服务器都能够进行域名到 IP 地址的解析。当某个 DNS 服务器不能进行域名到 IP 地址的转换时，它就会设法找因特网上其他域名服务器进行解析。

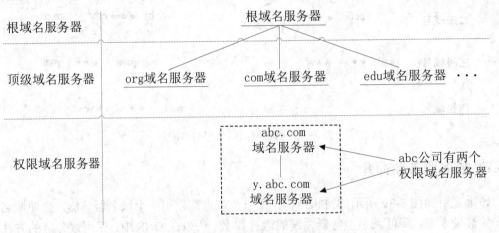

图 7-41 域名级别设置

从图 7-41 可以看出，因特网上的 DNS 服务器也是按照层次安排的。每一个域名服务器只对域名体系中的一部分进行管辖。根据域名服务器所起的作用，可以把域名服务器划分为下面四种不同的类型。

(1) 根域名服务器：是最高层次的域名服务器，也是最重要的域名服务器。所有的根域名服务器都知道所有顶级域名服务器的域名和 IP 地址。不管是哪一个本地域名服务器，若要对因特网上任何一个域名进行解析，只要自己无法解析，就首先求助根域名服务器，所以根域名服务器是最重要的域名服务器。假定所有的根域名服务器都瘫痪了，那么整个 DNS 系统就无法工作。需要注意的是，在很多情况下，根域名服务器并不直接把待查询的域名直接解析出 IP 地址，而是告诉本地域名服务器下一步应当找哪一个顶级域名服务器进行查询，查找关系如图 7-41 所示。

(2) 顶级域名服务器：负责管理在该顶级域名服务器注册的二级域名。

(3) 权限域名服务器：负责一个"区"的域名服务器。

(4) 本地域名服务器：本地域名服务器不属于图 7-41 所示的域名服务器的层次结构，但是它对域名系统非常重要。当一个主机发出 DNS 查询请求时，该查询请求报文会首先发送给本地域名服务器。

7.5.3　域名的解析过程详解

域名的解析方式主要有两种，分别是递归查询和迭代查询。

主机向本地域名服务器的查询一般采用递归查询。所谓递归查询，就是如果主机所询问的本地域名服务器不知道被查询的域名服务器的 IP 地址，那么本地域名服务器就以 DNS 客户端的身份，向其他根域名服务器继续发出查询请求报文(即替主机继续查询)，而不是让主机自己进行下一步查询，最后将所要解析的 IP 地址信息或报错信息返回给发起查询的主机。

本地域名服务器向根域名服务器的查询一般采用的是迭代查询。迭代查询的特点是：当根域名服务器收到本地域名服务器发出的迭代查询请求报文时，要么给出所要查询的 IP 地址，要么告诉本地服务器"下一步应当向哪一个域名服务器进行查询"，然后本地服务器再进行后续的查询。根域名服务器通常是把自己知道的顶级域名服务器的 IP 地址告诉本地域名服务器，让本地域名服务器再向顶级域名服务器查询；顶级域名服务器在收到本地域名服务器的查询请求后，要么给出所要查询的 IP 地址，要么告诉本地服务器下一步应当向哪一个权限域名服务器进行查询；最后将所要解析的 IP 地址信息或报错信息返回给发起查询的主机。

下面以图 7-42(a)为例说明整个查询过程。

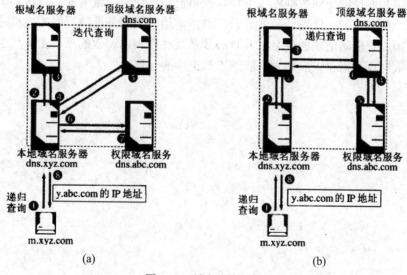

(a)　　　　　　　　　　　　　(b)

图 7-42　域名查询比较

假定域名为 m.xyz.com 的主机想知道另一个主机 y.abc.com 的 IP 地址，查询步骤如下：

(1) 主机 m.abc.com 先向本地服务器 dns.xyz.com 进行递归查询。

(2) 本地服务器采用迭代查询，先向一个根域名服务器查询。

(3) 根域名服务器告诉本地服务器下一次应查询的顶级域名服务器 dns.com 的 IP 地址。

(4) 本地域名服务器向顶级域名服务器 dns.com 进行查询。

(5) 顶级域名服务器 dns.com 告诉本地域名服务器下一步应查询的权限服务器 dns.abc.com 的 IP 地址。

(6) 本地域名服务器向权限域名服务器 dns.abc.com 进行查询。

(7) 权限域名服务器 dns.abc.com 告诉本地域名服务器所查询的主机的 IP 地址。

(8) 本地域名服务器最后把查询结果告诉 m.xyz.com。

整个查询过程共用到了 8 个 UDP 报文。

为了提高 DNS 的查询效率，减轻服务器的负荷，减少因特网上 DNS 查询报文的数量，域名服务器中广泛使用高速缓存，用来存放最近查询过的域名以及从何处获得域名映射信息的记录。

例如，在上面的查询过程中，如果在 m.xyz.com 的主机上不久前已经有用户查询过 y.abc.com 的 IP 地址，那么本地域名服务器就不必向根域名服务器重新查询 y.abc.com 的 IP 地址，而是直接把缓存中存放的上次查询结果(即 y.abc.com 的 IP 地址)告诉 m.xyz.com。

由于名字到地址的绑定并不经常改变，为保证缓存中的内容正确，域名服务器应为每项内容设置计时器并处理超过合理时间的项(例如每个项目两天)。当域名服务器已从缓存中删去某项信息后又被请求查询该项信息时，就必须重新到授权管理该项的域名服务器重新绑定信息。每当权限服务器回答一个查询请求时，在响应中都应指明绑定有效存在的时间值。增加此时间值可减少网络开销，从而提高域名解析的正确性。

不仅本地域名服务器中需要高速缓存，主机中也需要。许多主机在启动时会从本地服务器下载名字和地址的全部数据库，维护存放自己最近使用的域名的高速缓存，并且只在从缓存中找不到名字时才使用域名服务器。维护本地域名服务器数据库的主机应当定期检查域名服务器以获取新的映射信息，并且必须从缓存中删除无效的项。由于域名改动并不频繁，大多数网点不需花太多精力就能维护数据库的一致性。

项目八　Apache 服务器的配置与管理

8.1　项目描述

　　某企业组建了企业网，搭建了企业网站，现需要架设 Web 服务器来为企业网站安家，同时在网站上传和更新时，需要用到文件上传和下载功能，因此还要架设 FTP 服务器，为企业内部和互联网用户提供 www、FTP 等服务。本项目主要讲述 Apache 服务器配置与管理的，以实现网站的发布。

8.2　项目目标

- 了解 Apache 服务器
- 掌握 Apache 服务器的安装与启动
- 掌握 Apache 服务器的主配置文件
- 掌握各种 Apache 服务器的配置
- 学会创建 Web 网站和虚拟主机

8.3　相关知识

8.3.1　Web 服务器简介

　　Web(World Wide Web)即全球广域网，也称为万维网。它是一种基于超文本和 HTTP 的、全球性的、动态交互的、跨平台的分布式图形信息系统，是建立在因特网上的一种网络服务，为浏览者在因特网上查找和浏览信息提供了图形化的、易于访问的直观界面，其中的文档及超级链接将因特网上的信息节点组织成一个互为关联的网状结构。

　　Web 服务器一般指网站服务器，是指驻留于因特网上某种类型计算机的程序，可以向浏览器等 Web 客户端提供文档，也可以放置网站文件和数据文件，供全球用户浏览和下载。目前最主流的三种 Web 服务器分别是 Apache、Nginx 和 IIS。

超文本传输协议(HyperText Transfer Protocol，HTTP)是当前互联网上应用最为广泛的一种网络协议，所有的 www 文件都必须遵守这个标准。Web 服务器也是基于此协议提供服务的，其中 Apache 和 IIS 是 HTTP 协议的服务器软件，而微软的 Internet Explore 和 Mozilla 的 Firefox 则是 HTTP 协议的客户端软件。

8.3.2　Apache 的优势及特点

Apache HTTP Server（简称 Apache）是 Apache 软件基金会的一个开放源码的网页服务器软件。它是一个模块化的服务器，源于 NCSA httpd 服务器，经过多次修改，现成为全球使用排名第一的 Web 服务器软件。Apache 取自 "a patchy server " 的读音，意思是充满补丁的服务器。它是一款自由软件，在发展使用过程中不断有人为它开发新的功能、新的特性，修改原来的缺陷。Apache 之所以成为当今最流行的 Web 服务器端软件之一，还因为它可以运行在几乎所有广泛使用的计算机平台上，具有跨平台性和较高的安全性。另外，它能够快速、可靠并且可通过简单的 API 扩充，将 Perl/Python 等解释器编译到服务器中。

Apache HTTP 服务器最主要的优势是免费开源，它的源代码完全公开，用户可以通过阅读和修改源代码来改变服务器的功能。这要求修改它的用户对服务器功能和网络编程有较深的了解，否则所做的修改很有可能使服务器无法正常工作。另外，Apache Web 服务器软件还具有以下重要特性：

- 支持最新的 HTTP/1.1 通信协议；
- 拥有简单而强有力的基于文件的配置过程；
- 支持通用网关接口；
- 支持基于 IP 和基于域名的虚拟主机；
- 支持多种方式的 HTTP 认证；
- 具有集成 Perl 处理模块；
- 具有集成代理服务器模块；
- 支持实时监视服务器状态和定制服务器日志；
- 支持服务器端包含指令(SSI)；
- 支持安全 Socket 层(SSL)；
- 提供用户会话过程的跟踪；
- 支持 Fast CGI；
- 通过第三方模块可以支持 Java Servlets。

8.3.3　Apache 的发展历史

Apache 起初是由伊利诺伊大学香槟分校的国家超级电脑应用中心(National Computer Security Association，NCSA)开发的。Apache 的诞生极富有戏剧性。当时，NCSA 的 www 服务器项目停顿，NCSA www 服务器的用户开始交换他们用于该服务器的补丁程序。很快，他们意识到有必要成立一个管理这些补丁程序的论坛。就这样，Apache Group 诞生了。后来，该团体在 NCSA 的基础上创建了 Apache。

Apache 最初只用于小型或试验因特网网络，后来逐步扩充到各种 UNIX 系统中，尤其对

Linux 的支持相当完美。Apache 有多种产品，支持 SSL 技术和多个虚拟主机。Apache 是以进程为基础的结构，进程要比线程消耗更多的系统开支，不太适合于多处理器环境，因此，当某个 Apache Web 站点要扩容时，通常是增加服务器或扩充群集节点而不是增加处理器。到目前为止，Apache 仍然是世界上用的最多的 Web 服务器，市场占有率达 60%左右。世界上很多著名的网站如 Amazon、Yahoo!、W3 Consortium、Financial Times 等都是 Apache 的产物。它的成功之处主要在于它的源代码是完全开放的，具备良好的可移植性，有一支开放的开发队伍，支持跨平台的应用，可以运行在几乎所有的 UNIX、Windows、Linux 系统平台上。

8.4 任 务 实 施

8.4.1 Apache 服务器的默认配置实例

某企业组建了企业网，搭建了企业网站，现需要架设 Web 服务器来为企业网站安家。本节的任务是配置与管理 Apache 服务器，实现网站的发布。

1. 任务要求

将已经制作好的网站上传到 Apache 服务器的默认主目录进行发布，并设置默认主页为 index.html。

2. 配置方案

(1) 安装 Apache 服务，命令如下：

```
yum install httpd -y
```

(2) 启动 Apache 服务，命令如下：

```
service httpd start
```

(3) 关闭防火墙，命令如下：

```
service iptables stop
```

(4) 查看 Apache 服务器的主配置文件 /etc/httpd/conf/httpd.conf，命令如下：

```
vi /etc/httpd/conf/httpd.conf
```

查看其默认网页存放目录的具体位置，在此不需要做任何修改。配置文档内容的解释如图 8-1 所示。

```
288 # DocumentRoot: The directory out of which you will serve your
289 # documents. By default, all requests are taken from this directory, but
290 # symbolic links and aliases may be used to point to other locations.
291 #
292 DocumentRoot "/var/www/html"    找到主页存放的位置为："/var/www/html"
293
294 #
295 # Each directory to which Apache has access can be configured with respect
296 # to which services and features are allowed and/or disabled in that
297 # directory (and its subdirectories).
298 #
299 # First, we configure the "default" to be a very restrictive set of
300 # features.
301 #
302 <Directory />
/DocumentRoot    ◄── 在命令模式下：输入 /DocumentRoot
```

图 8-1 修改配置文件/etc/httpd/conf/httpd.conf

(5) 将已经做好的网站文件全部拷贝到"/var/www/html"目录中。

(6) 查看服务器 IP 地址，命令如下：

　　ifconfig

IP 地址信息如图 8-2 所示。

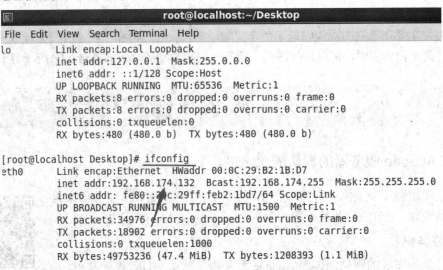

图 8-2　查看服务器的 IP 地址

(7) 在浏览器中输入 http://IP 地址：80，验证访问主机的 Web 服务，如图 8-3 所示。

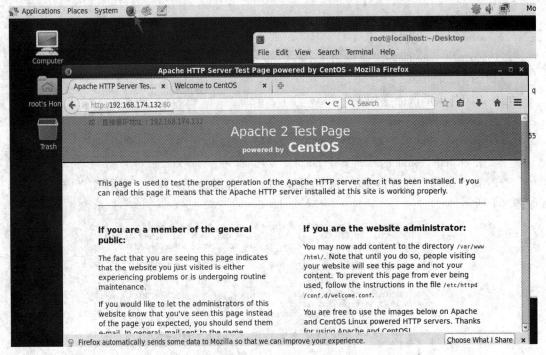

图 8-3　测试访问 Apache 服务器的默认主页

　　通常情况下，"http://"可以省略，":80"也可以省略，如图 8-4 所示。在浏览器中直接输入 IP 地址，即可进入网页。

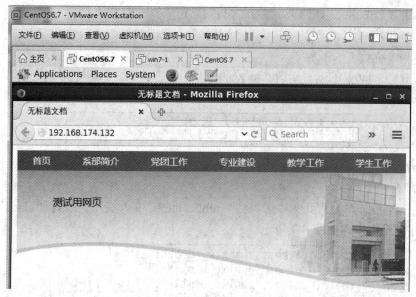

图 8-4　测试——我们自己做的网页

至此，配置完成。

8.4.2　配置个人主页

本节的任务是配置 Apache 服务器，允许 Linux 用户拥有个人主页空间的功能。在 Apache 中创建一个用户时，可自动设置用户的家目录为主页的存储空间。

Apache 服务器个人主页的配置步骤如下所述。

(1) 安装 httpd 服务，命令如下：

　　yum install httpd –y

(2) 打开 Apache 服务的主配置文件 /etc/httpd/conf/httpd.conf，命令如下：

　　vi /etc/httpd/conf/httpd.conf

修改该配置文件，如图 8-5 所示。

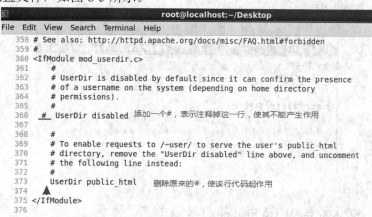

图 8-5　修改配置文件 /etc/httpd/conf/httpd.conf

(3) 创建一个 Linux 用户 zhang，并为其创建密码，命令如下：

```
useradd zhang
passwd zhang
```

(4) 在用户 zhang 的家目录(/home/zhang)下创建文件夹 "public_html"，操作步骤如图 8-6 所示。

```
[root@localhost Desktop]# cd /home/zhang
[root@localhost zhang]# mkdir public_html
[root@localhost zhang]# ls
public_html
[root@localhost zhang]#
```

图 8-6　创建文件夹 "public_html"

(5) 将已经制作好的网页文件拷贝到 "public_html" 文件夹下，或者是自己创建一个其他网页文件，操作步骤如图 8-7 所示。

```
[root@localhost zhang]# cd public_html
[root@localhost public_html]# ls
[root@localhost public_html]# vi index.html
[root@localhost public_html]# ls
index.html  ←
[root@localhost public_html]#
```

图 8-7　将文件拷贝到 "public_html" 文件夹下

(6) 修改 home 目录的权限，如图 8-8 所示。

```
[root@localhost home]# ll
total 8
                    原来的家目录的权限
drwx----.  26 sun    sun   4096 Sep 10 07:11 sun
drwx------.  5 zhang zhang 4096 Nov 27 03:29 zhang
[root@localhost home]# chmod 705  /home/zhang
[root@localhost home]# ll
total 8
                    修改后的家目录权限
drwx-----.  26 sun    sun   4096 Sep 10 07:11 sun
drwx---r-x.  5 zhang zhang 4096 Nov 27 03:29 zhang
[root@localhost home]#
```

图 8-8　修改家目录的权限

(7) 重启 Apache 服务，命令如下：

```
service httpd restart
```

(8) 访问自己制作的网页，如图 8-9 所示。

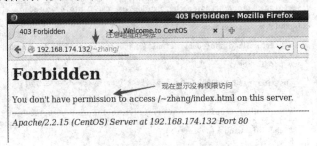

图 8-9　访问自己制作的网页

网页访问失败，主要原因是 SELinux 属性未设置。

(9) 设置 SELinux 的属性为 "Permissive"，操作过程及解释如图 8-10 所示。

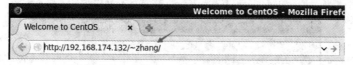

```
[root@localhost home]# getenforce    查看SELinux 的原有属性
Enforcing ◄
[root@localhost home]# setenforce 0  设置属性为0
[root@localhost home]# getenforce    再查看
Permissive ◄
[root@localhost home]# █
```

图 8-10 设置 SELinux 的属性

命令如下：

> setenforce 0

(10) 关闭防火墙，命令如下：

> service iptables stop

(11) 重新访问自己制作的主页，如显示访问成功，则配置生效，如图 8-11 所示。

```
┌─────────────────────────────────────────────────────────┐
│                    Welcome to CentOS - Mozilla Firefo     │
│  ┌ Welcome to CentOS      ×  ┌╋┐                          │
│  ◄  http://192.168.174.132/~zhang/              ∨ →       │
└─────────────────────────────────────────────────────────┘
```

图 8-11 重新访问自己制作的主页

8.4.3 配置虚拟目录

把 Web 应用放在 Apache 默认的 hdocs 目录下，Apache 会自动管理它。
但若把 Web 应用放在其他目录下，且 Apache 仍然能够访问它，则需要用
到 Apache 的虚拟目录功能。

1. 任务要求

配置 Apache 服务器的虚拟目录，首先创建名为 /private/ 的虚拟目录，它对应的物理路
径为 "/sun/private/"。

2. 配置方案

Apache 服务器的虚拟目录配置步骤如下所述。

(1) 安装 httpd 服务，命令如下：

> yum install httpd –y

(2) 打开 Apache 服务的主配置文件，命令如下：

> vi /etc/httpd/conf/httpd.conf

修改该配置文件，如图 8-12 所示。

```
553 <Directory "/var/www/icons">
554     Options Indexes MultiViews FollowSymLinks
555     AllowOverride None
556     Order allow,deny          ◄── 原来的代码
557     Allow from all
558 </Directory>
559                          虚拟目录名称
560 Alias /private/  "/sun/private/"  ◄── 物理路径
561                                      复制后修改
562     <Directory "/sun/private">
563         Options Indexes MultiViews FollowSymLinks
564         AllowOverride None
565         Order allow,deny
566         Allow from all
567     </Directory>
568
```

图 8-12 修改 Apache 服务的主配置文件

(3) 重启 httpd 服务，命令如下：

```
service httpd restart
```

(4) 创建物理路径。使用 mkdir -p /sun/private 命令可以一次创建 sun 和 private 两个文件夹，命令如下：

```
mkdir -p /sun/private
```

(5) 把制作好的网页文件放到 /sun/private 目录下。

(6) 关闭防火墙，命令如下：

```
service iptables stop
```

(7) 客户端浏览测试。打开客户端的浏览器，输入网址进行测试，发现没有访问权限，如图 8-13 所示。

图 8-13　未授权客户端浏览测试

(8) 设置 SELinux 的属性为"Permissive"，命令如下：

```
setenforce 0
```

设置步骤如图 8-14 所示。

```
[root@localhost home]# getenforce     查看SELinux 的原有属性
Enforcing  ◀
[root@localhost home]# setenforce 0   设置属性为0
[root@localhost home]# getenforce     再查看
Permissive  ◀
[root@localhost home]# ▊
```

图 8-14　设置 SELinux

(9) 再次测试，访问仍然失败，如图 8-15 所示。这是因为输入的路径格式与配置文件不一致。

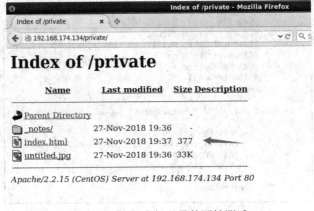

图 8-15　未加虚拟目录的网址测试

(10) 写全地址后再进行测试，依然会出现错误，如图 8-16 所示。这次是因为未授权测试。

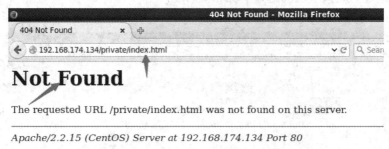

图 8-16 未授权网页测试

(11) 修改网页的权限，部分系统不需要作这个权限修改也可以正常访问。修改文件权限的操作步骤及每步操作的解释如图 8-17 所示。

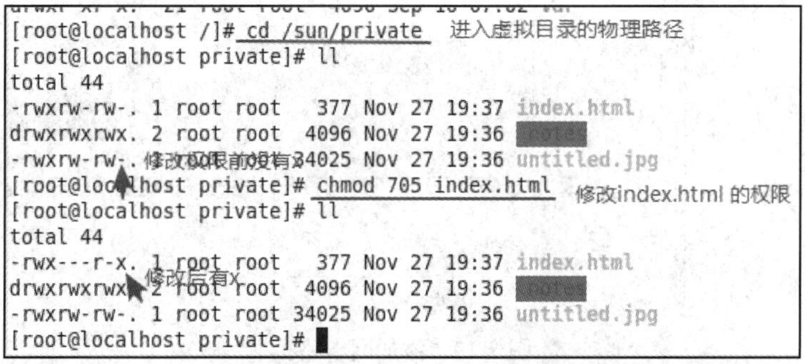

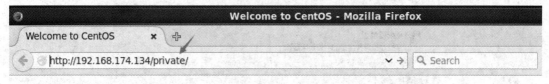

图 8-17 修改网页的权限

(12) 再次访问测试，访问正常。注意要在 IP 地址后加上虚拟目录名，如图 8-18 所示。

图 8-18 再次访问测试

至此，配置完成。

8.4.4 基于 IP 地址的虚拟主机的配置

Apache 的虚拟主机功能是指可以让一台基于 IP、主机名或端口号的服务器实现提供多个网站服务的技术。基于 IP 地址的虚拟主机可以使一台服务器拥有多个 IP 地址。当用户访问不同 IP 地址时，会显示不同的网站页面。

1. 任务要求

假设 Apache 服务器有两块网卡，对应的 IP 地址分别为 192.168.174.135 和 192.168.174.136。现需要利用这两个 IP 地址分别创建两个基于 IP 地址的虚拟主机，要求不同的虚拟主机对应的主目录不同。

2. 配置方案

基于 IP 地址的虚拟主机的配置步骤如下所述：

(1) 添加一块网卡，步骤如图 8-19 所示。

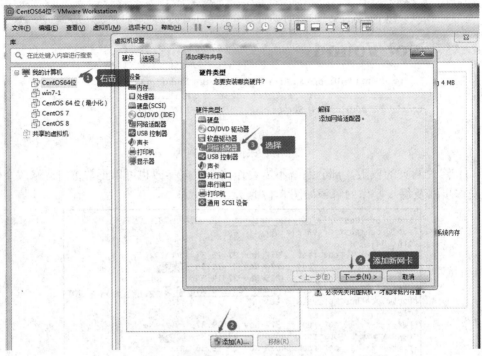

图 8-19　添加网卡路径

右键单击虚拟机，点击"设置"进入"虚拟机设置"界面，选择硬件设备，点击"添加"，按照提示一步一步进行操作，直至完成，如图 8-20 所示。

图 8-20　完成网卡安装

(2) 按任务要求，可通过图形用户界面的方式分别设置网卡的 IP 地址为 192.168.174. 135 和 192168.174.136。设置完成后重启服务，通过 ifconfig 查看网络服务，如图 8-21 所示。

查看网卡信息的命令如下：

```
service network restart

ifconfig
```

```
[root@localhost Desktop]# ifconfig
eth2      Link encap:Ethernet  HWaddr 00:0C:29:03:83:5B
          inet addr:192.168.174.135  Bcast:192.168.174.255  Mask:255.255.255.0
          inet6 addr: fe80::20c:29ff:fe03:835b/64 Scope:Link
          UP BROADCAST RUNNING MULTICAST  MTU:1500  Metric:1
          RX packets:28421 errors:0 dropped:0 overruns:0 frame:0
          TX packets:12521 errors:0 dropped:0 overruns:0 carrier:0
          collisions:0 txqueuelen:1000
          RX bytes:40801738 (38.9 MiB)  TX bytes:811879 (792.8 KiB)
                              可以看到两块网卡的信息
eth3      Link encap:Ethernet  HWaddr 00:0C:29:03:83:65
          inet addr:192.168.174.136  Bcast:192.168.174.255  Mask:255.255.255.0
          inet6 addr: fe80::20c:29ff:fe03:8365/64 Scope:Link
          UP BROADCAST RUNNING MULTICAST  MTU:1500  Metric:1
          RX packets:14 errors:0 dropped:0 overruns:0 frame:0
          TX packets:16 errors:0 dropped:0 overruns:0 carrier:0
          collisions:0 txqueuelen:1000
          RX bytes:1408 (1.3 KiB)  TX bytes:1764 (1.7 KiB)
```

图 8-21　查看新添加网卡的 IP 地址信息

注意：如果 IP 地址跟要求的 IP 地址不同，则需要手动修改 IP。

(3) 安装 httpd 服务，命令如下：

```
yum install httpd -y
```

(4) 打开 Apache 的主配置文件，命令如下：

```
vi /etc/httpd/conf/httpd.conf
```

修改该配置文件，修改内容如图 8-22 所示。

```
1003 #<VirtualHost *:80
1004 #        ServerAdmin webmaster@dummy-host.example.com
1005 #        DocumentRoot /www/docs/dummy-host.example.com
1006 #        ServerName dummy-host.example.com
1007 #        ErrorLog logs/dummy-host.example.com-error_log
1008 #        CustomLog logs/dummy-host.example.com-access_log common
1009 #</VirtualHost>
1010                                         复制后进行修改
1011 <VirtualHost 192.168.174.135:80>
1012        ServerAdmin sun@163.com
1013        DocumentRoot /var/www/ip1
1014        ServerName ip1.com
1015 </VirtualHost>
1016                                         添加这两块代码
1017 <VirtualHost 192.168.174.136:80>
1018        ServerAdmin sun@163.com
1019        DocumentRoot /var/www/ip2
1020        ServerName ip2.com
1021 </VirtualHost>
```

图 8-22　修改配置文件/etc/httpd/conf/httpd.conf

(5) 创建两个主目录，如图 8-23 所示。

```
[root@localhost Desktop]# mkdir /var/www/ip1
[root@localhost Desktop]# mkdir /var/www/ip2
[root@localhost Desktop]#
```

图 8-23　创建两个主目录

(6) 将创建好的网页分别上传到主目录/var/www/ip1、/var/www/ip2 上，或分别新建两个主页文件。

(7) 启动 httpd 服务，命令如下：

　　service httpd start

(8) 关闭防火墙，命令如下：

　　service iptables stop

(9) 测试。使用两个网址分别进行测试。首先测试 192.168.174.135，如图 8-24 所示。

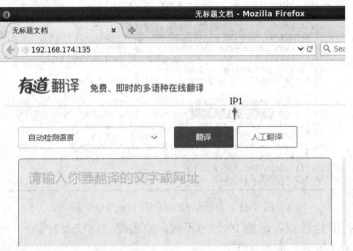

图 8-24　测试网址 192.168.174.135

然后测试 192.168.174.136，如图 8-25 所示。

图 8-25　测试网址 192.168.174.136

至此，配置完成。

8.4.5 基于端口号的虚拟主机配置

当服务器开启多个服务端口时，基于端口号的虚拟主机可以通过让用户访问服务器指定端口的方式来找到想要的网站。

1. 任务要求

假设 Apache 服务器的 IP 地址为 192.168.174.135，现需要用 8080 和 8090 两个不同的端口号建立虚拟主机，要求不同的虚拟主机对应不同的主目录。

2. 配置方案

(1) 安装 httpd 服务，命令如下：

    yum install httpd -y

(2) 打开 Apache 的主配置文件，命令如下：

    vi /etc/httpd/conf/httpd.conf

主配置文件的更改内容如图 8-26 所示，添加监听端口 8080、8090 和基于端口号的虚拟主机信息。

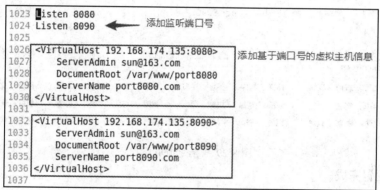

图 8-26　修改 Apache 的主配置文件

(3) 创建 /var/www/port8080 和/var/www/port8090 两个主目录，如图 8-27 所示。

```
[root@localhost ip2]# mkdir /var/www/port8080
[root@localhost ip2]# mkdir /var/www/port8090
[root@localhost ip2]# 
```

图 8-27　创建两个主目录

(4) 将已有的网页或是新建的两个主页文件分别上传到 /var/www/port8080 和 /var/www/port8090 两个主目录中。

(5) 启动 httpd 服务，命令如下：

    service httpd start

(6) 关闭防火墙，命令如下：

    service iptables stop

(7) 设置 SELinux 的属性为 Permissive，命令如下：

    setenforce 0

(8) 测试。分别测试两个端口号的网址，先在浏览器中输入网址 192.168.174.135:8080，如图 8-28 所示。

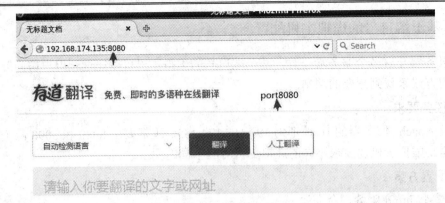

图 8-28　测试 8080 端口

然后在浏览器中输入网址 192.168.174.135:8090，如图 8-29 所示。

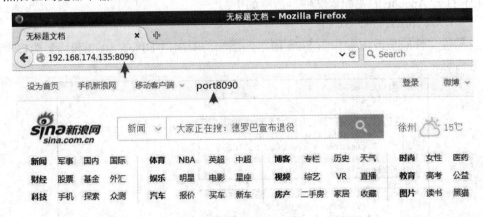

图 8-29　测试 8090 端口

至此，配置完成。

8.4.6　基于域名的虚拟主机配置

当服务器无法为每个网站都分配独立的 IP 地址或端口号时，可以试试让 Apache 服务程序自动识别来源主机名或域名，然后跳转到指定的网站。

1. 任务要求

假设 Apache 服务器的 IP 地址为 192.168.174.132，在本地 DNS 服务器中，该 IP 地址分别对应 www.smile.com 和 www.long.com 两个域名，因此首先需要创建基于域名的虚拟主机，要求不同的虚拟主机对应的主目录不同。

2. 配置方案

在正式配置之前，先安装好 httpd 和域名服务，命令如下：

```
yum install httpd bind -y
```

1)　IP 地址的设置

采用图形用户界面的方式设置 IP 地址，如图 8-30 所示 Apache 服务器的 IP 地址为 192.168.174.132。

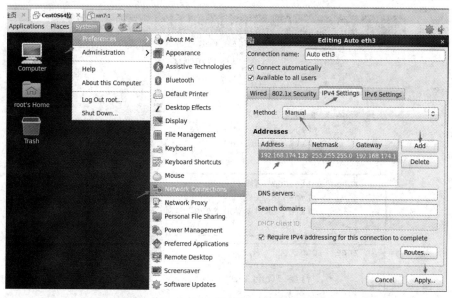

图 8-30 Apache 服务器 IP 地址的设置

设置完 IP 地址后重启服务，命令如下：

    service network restart

2) DNS 服务器配置

DNS 服务器为单独的服务器，主要配置步骤如下所示：

(1) 安装 DNS 服务，命令如下：

    yum install bind -y

(2) 打开 DNS 的主配置文件/etc/named.conf，命令如下：

    vi /etc/named.conf

修改该配置文件，主要目的是设置 DNS 服务器能够管理的区域以及这些区域所对应的区域文件名和存放路径。配置文件的修改内容如图 8-31 和图 8-32 所示，其中图 8-31 为修改主配置文件的 options 选项，修改内容见图中所示的划线部分；图 8-32 为增加主配置文件的域解析部分。

```
                          root@localhost:~/Desktop
File  Edit  View  Search  Terminal  Help
  9
 10 options {
 11        listen-on port 53 { any; };
 12        listen-on-v6 port 53 { ::1; };
 13        directory       "/var/named";
 14        dump-file       "/var/named/data/cache_dump.db";
 15        statistics-file "/var/named/data/named_stats.txt";
 16        memstatistics-file "/var/named/data/named_mem_stats.txt";
 17        allow-query     { any; };
 18        recursion yes;
 19
 20        dnssec-enable no;
 21        dnssec-validation no;
 22
 23        /* Path to ISC DLV key */
 24        bindkeys-file "/etc/named.iscdlv.key";
 25
 26        managed-keys-directory "/var/named/dynamic";
 27 };
```

图 8-31 修改主配置文件/etc/named.conf 的 options 选项

```
                    root@localhost:~/Desktop
File  Edit  View  Search  Terminal  Help
32                    severity dynamic;
33            };
34  };
35
36  zone "." IN {
37          type hint;
38          file "named.ca";
39  };
40
41  zone "smile.com" IN {                    添加
42          type master;
43          file "smile.com.zone";
44  };
45
46  zone "long.com" IN {
47          type master;
48          file "long.com.zone";
49  };
50
51
```

图 8-32　添加两个作用域

(3) 创建并修改 smile.com 的解析文件 smile.com.zone，如图 8-33 所示。

```
[root@localhost Desktop]# cd /var/named
[root@localhost named]# ls
data  dynamic  named.ca  named.empty  named.localhost  named.loopback  slaves
[root@localhost named]# vi named.localhost
[root@localhost named]# cp named.localhost smile.com.zone
[root@localhost named]# ls
data      named.ca        named.localhost  slaves
dynamic   named.empty     named.loopback   smile.com.zone
[root@localhost named]# vi smile.com.zone
```

图 8-33　打开 smile.com 的解析文件

打开解析文件 smile.com.zone，修改内容如图 8-34 所示，增加 DNS 服务地址 192.168.174.132 和 www 服务地址 192.168.174.132。

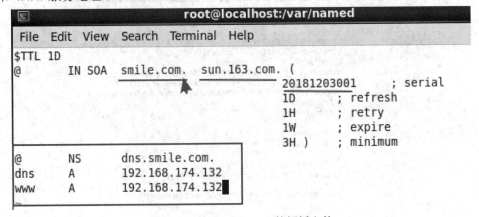

```
                    root@localhost:/var/named
File  Edit  View  Search  Terminal  Help
$TTL 1D
@       IN SOA    smile.com.    sun.163.com. (
                                20181203001      ; serial
                                1D       ; refresh
                                1H       ; retry
                                1W       ; expire
                                3H )     ; minimum

@       NS      dns.smile.com.
dns     A       192.168.174.132
www     A       192.168.174.132
```

图 8-34　修改 smile.com 的解析文件

(4) 如图 8-35 所示，进入目录 /var/named，复制 named.localhost 文件并将其命名为 long.com.zone。

```
[root@localhost named]# cd /var/named
[root@localhost named]# ls
data        named.ca       named.localhost  slaves
dynamic     named.empty    named.loopback   smile.com.zone
[root@localhost named]# cp named.localhost long.com.zone
[root@localhost named]# ls
data        long.com.zone  named.empty      named.loopback   smile.com.zone
dynamic     named.ca       named.localhost  slaves
[root@localhost named]# vi long.com.zone
```

图 8-35　打开 long.com 的解析文件

打开解析文件 long.com.zone，增加 DNS 服务地址 192.168.174.132 和 www 服务地址 192.168.174.132，如图 8-36 所示。

```
root@localhost:/var/named
File  Edit  View  Search  Terminal  Help
$TTL 1D
@         IN SOA   long.com. sun.163.com. (
                                20181203002    ; serial
                                1D             ; refresh
                                1H             ; retry
                                1W             ; expire
                                3H )           ; minimum
@         NS       dns.long.com.
dns       A        192.168.174.132
www       A        192.168.174.132
~
```

图 8-36　修改 long.com 的解析文件

(5) 修改解析文件所属的组，以便让 named 组有权限读取两个解析文件，操作步骤如图 8-37 所示。

```
[root@localhost named]# chgrp named long.com.zone
[root@localhost named]# chgrp named smile.com.zone
[root@localhost named]# ll
total 36
drwxrwx---. 2 named named 4096 Aug 27 08:39 data
drwxrwx---. 2 named named 4096 Aug 27 08:39 dynamic
-rw-r-----. 1 root  named  202 Dec  3 01:52 long.com.zone
-rw-r-----. 1 root  named 3289 Apr 11  2017 named.ca
-rw-r-----. 1 root  named  152 Dec 15  2009 named.empty
-rw-r-----. 1 root  named  152 Jun 21  2007 named.localhost
-rw-r-----. 1 root  named  168 Dec 15  2009 named.loopback
drwxrwx---. 2 named named 4096 Aug 27 08:39 slaves
-rw-r-----. 1 root  named  205 Dec  3 01:47 smile.com.zone
```

图 8-37　修改解析文件所属组

具体修改命令如下：

　　　chgrp named long.com.zone

　　　chgrp named smile.com.zone

(6) 关闭防火墙，命令如下：

　　　service iptables stop

(7) 启动 DNS 服务，命令如下：

　　　service named restart

(8) 测试 DNS 服务器，首先修改测试机的 IP 地址，如图 8-38 所示。

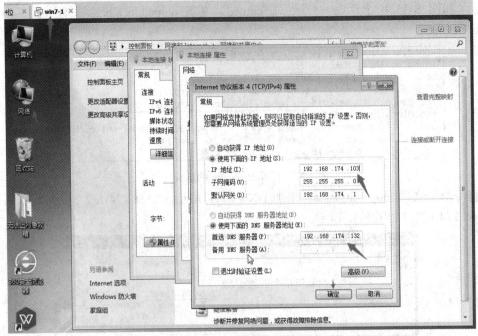

图 8-38　测试机 IP 设置

打开测试机的命令提示符窗口进行测试，测试内容如图 8-39 所示。

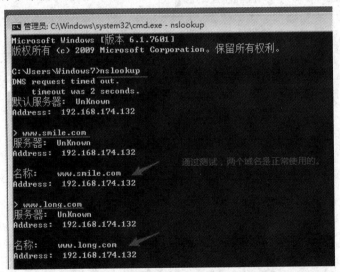

图 8-39　测试

3) Apache 服务器的配置

Apache 服务器为单独的 Linux 服务器，配置步骤如下所述。

(1) 创建两个域的主目录/var/www/smile 和/var/www/long，如图 8-40 所示。

```
[root@localhost named]# mkdir /var/www/smile
[root@localhost named]# mkdir /var/www/long
```

图 8-40　创建两个域的主目录

(2) 将已经制作好的网页文件上传到主目录/var/www/smile 和/var/www/long 中。

(3) 打开 Apache 的配置文件/etc/httpd/conf/httpd.conf，命令如下：

　　vi /etc/httpd/conf/httpd.conf

修改该配置文件，命令如下(见图 8-41)：

```
989 #
990 NameVirtualHost 192.168.174.132:80       把前面的#去掉，添加IP地址
991 #
992 # NOTE: NameVirtualHost cannot be used without a port specifier
993 # (e.g. :80) if mod_ssl is being used, due to the nature of the
994 # SSL protocol.
995 #
996
997 #
998 # VirtualHost example:
999 # Almost any Apache directive may go into a VirtualHost container.
1000 # The first VirtualHost section is used for requests without a known
1001 # server name.
1002 #
1003 #<VirtualHost *:80>
1004 #     ServerAdmin webmaster@dummy-host.example.com
1005 #     DocumentRoot /www/docs/dummy-host.example.com
1006 #     ServerName dummy-host.example.com
1007 #     ErrorLog logs/dummy-host.example.com-error_log
1008 #     CustomLog logs/dummy-host.example.com-access_log common
1009 #</VirtualHost>
1010
1011 <VirtualHost 192.168.174.132:80>
1012      ServerAdmin sun@163.com
1013      DocumentRoot /var/www/smile                  添加这两块代码
1014      ServerName www.smile.com
1015 </VirtualHost>
1016 <VirtualHost 192.168.174.132:80>
1017      ServerAdmin sun@163.com
1018      DocumentRoot /var/www/long
1019      ServerName www.long.com
1020 </VirtualHost>
```

图 8-41　修改 Apache 的配置文件

(4) 重启 Apache 服务，命令如下：

　　service httpd restart

4) 测试

在浏览器中打开网址 www.long.com，如图 8-42 所示。

图 8-42　测试 www.long.com

打开 www.smile.com，如图 8-43 所示。

图 8-43　测试 www.smile.com

至此，两个网页均可正常打开，说明配置已完成。

8.4.7　在虚拟目录中配置用户身份认证

为保证文件访问的安全性，在配置虚拟目录时，可以设置用户名和密码登录方式。

1. 任务要求

设置一个虚拟目录"/vdir"，让用户必须输入用户名和密码才能访问。

2. 配置方案

(1) 安装 httpd 服务，命令如下：

```
yum install httpd -y
```

(2) 创建虚拟目录对应的物理路径/vdir/test，命令如下：

```
mkdir -p /vdir/test
```

(3) 将已经完成的网页文件上传到目录文件/vdir/test 中。

(4) 打开 Apache 的配置文件，命令如下：

```
vi /etc/httpd/conf/httpd.conf
```

启用虚拟目录，配置文件的修改内容如图 8-44 所示。

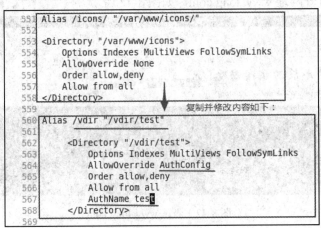

图 8-44　修改 Apache 的配置文件

(5) 在当前目录下创建一个 ".htpasswd" 文件，用户名为 "test"，密码为 "123456"，命令如下：

```
cd /vdir/test

htpasswd   -c .htpasswd test
```

(6) 在/vdir/test 目录下新建一个.htaccess 文件，命令如下：

```
cd /vdir/test

vi .htaccess
```

.htaccess 文件的内容如图 8-45 所示。

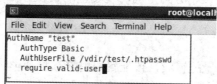

图 8-45　修改配置文件.htaccess

(7) 关闭防火墙，命令如下：

```
service iptables stop
```

(8) 设置 SElinux 的属性为 "Permissive"，命令如下：

```
setenforce 0
```

(9) 重启 httpd 服务，命令如下：

```
service httpd restart
```

(10) 测试。在 Windows 7 系统下进行测试，使用浏览器打开地址 http://192.168.174.134/vdir，此时需要输入用户名和密码，如图 8-46 所示。

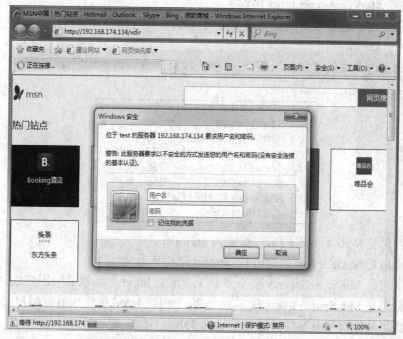

图 8-46　测试网址 http://192.168.174.134/vdir

至此，配置完成。

8.5 知识拓展

8.5.1 Apache 服务器的主配置文件详解

Apache 的主配置文件存放位置为 /etc/httpd/conf/httpd.conf，本节主要讲述配置文件 httpd.conf 的配置信息。配置文件分为全局环境变量配置、主服务器变量配置和虚拟机变量配置三部分。

1. 第一配置段

全局环境变量配置是第一配置段，该配置段的修改将会影响整个服务器。以下主要讲解配置文件中一些默认行的含义。

       57 行：ServerRoot "/etc/httpd"

本行意思是将服务器的根设置在/etc/httpd 目录下。

       65 行：PidFilerun/httpd.pid

本行意思是将 Apache 的父进程 ID 保存在文件中。

       70 行：Timeout120

本行意思是设定超时时间为 120s。

       76 行：KeepAlive off/on

本行意思是，是否允许客户端同时提出多个请求，on 指可提供多个请求，off 指关闭。

       83 行：MaxKeepAliveRequests 100

本行意思是每次连接允许的最大请求数为 100。

       89 行：KeepAliveTimeout 15

本行意思是客户端的请求如果超出 15 秒还没有发出，则继续发送。

102～109 行如下：

```
102 <IfModule prefork.c>
103 StartServers        8
104 MinSpareServers     5
105 MaxSpareServers    20
106 ServerLimit        256
107 MaxClients         256
108 MaxRequestsPerChild 4000
109 </IfModule>
```

102 行意思是 Web 服务器的工作模式为 prefork。

103 行意思是 StartServers 启动时打开的 httpd 进程数为 8。

104 行意思是 MinSpareServers 最少会有 5 个闲置 httpd 进程来监听用户的请求。

105 行意思是 MaxSpareServers 最多会有 20 个闲置 httpd 进程来监听用户的请求。

106 行意思是限制服务器访问进程数量为 256。

107 行意思是最大并发量，就是允许同时访问的数量为 256。

108 行意思是每个子进程最多能处理的请求数量，请求数量达到最大数量后进程就被杀死(kill)，然后重新启动。

118～125 行如下：

```
118  <IfModule worker.c>
119  StartServers            4
120  MaxClients            300
121  MinSpareThreads        25
122  MaxSpareThreads        75
123  ThreadsPerChild        25
124  MaxRequestsPerChild     0
125  </IfModule>
```

118 行～125 行的意思是 Web 服务器的工作模式为 worker.c。

135 和 136 行如下：

```
135  #Listen 12.34.56.78:80
136  Listen 80
```

136 行意思是设置监听端口号为 80。

150 行～201 行意思是指加载 DSO(Dynamic Shared Object，动态共享对象)模块，类似于动态链接库。

181～201 行代码如下：

```
181  LoadModule dav_fs_module modules/mod_dav_fs.so
182  LoadModule vhost_alias_module modules/mod_vhost_alias.so
183  LoadModule negotiation_module modules/mod_negotiation.so
184  LoadModule dir_module modules/mod_dir.so
185  LoadModule actions_module modules/mod_actions.so
186  LoadModule speling_module modules/mod_speling.so
187  LoadModule userdir_module modules/mod_userdir.so
188  LoadModule alias_module modules/mod_alias.so
189  LoadModule substitute_module modules/mod_substitute.so
190  LoadModule rewrite_module modules/mod_rewrite.so
191  LoadModule proxy_module modules/mod_proxy.so
192  LoadModule proxy_balancer_module modules/mod_proxy_balancer.so
193  LoadModule proxy_ftp_module modules/mod_proxy_ftp.so
194  LoadModule proxy_http_module modules/mod_proxy_http.so
195  LoadModule proxy_ajp_module modules/mod_proxy_ajp.so
196  LoadModule proxy_connect_module modules/mod_proxy_connect.so
197  LoadModule cache_module modules/mod_cache.so
198  LoadModule suexec_module modules/mod_suexec.so
199  LoadModule disk_cache_module modules/mod_disk_cache.so
200  LoadModule cgi_module modules/mod_cgi.so
201  LoadModule version_module modules/mod_version.so
```

221 行如下，意思是设定包含的模块文件，这里的模块都是对动态共享对象的支持。

```
221 Include conf.d/*.conf
```

242 行和 243 行如下，意思是设置使用的用户和组都为 Apache。

```
242 User apache
243 Group apache
```

2. 第二配置段

主服务器变量为第二配置段。此部分内容的修改仅作用于主服务器。以下主要讲述配置文件中一些默认行的含义。

262 行如下，意思是设置管理员邮箱为 root@localhost。

```
262 ServerAdmin root@localhost
```

276 行如下，意思是设置服务器名称为 www.example.com，其端口号为 80。如果启用该服务器名称和端口，则需要取消前面的 "#"。

```
276 #ServerName www.example.com:80
```

292 行如下，意思是定义文档根目录为 "/var/www/html"。

```
292 DocumentRoot "/var/www/html"
```

302 行～305 行如下，其意思是设置根目录的访问控制。

```
302 <Directory />
303     Options FollowSymLinks
304     AllowOverride None
305 </Directory>
```

317 行如下，意思是对文档根目录进行设置。

```
317 <Directory "/var/www/html">
```

331 行如下，意思是可选索引。

```
331     Options Indexes FollowSymLinks
```

338 行如下，意思是指是否允许覆盖，一般设置为 none。

```
338     AllowOverride None
```

343 行～346 行如下，这部分是具体实例设置，可参照 8.4.3 小节配置方案中的步骤(2)配置文件的修改内容及解释。

```
343     Order allow,deny
344     Allow from all
345
346 </Directory>
```

360～375 行如下，意思是设置用户是否可以在自己的目录下建立 public_html 目录来放置网页。如果设置为 UserDirpublic_html，则用户可以通过访问 http://服务器 IP 地址：端口/~ 用户名称，来访问其中的内容。

```
360 <IfModule mod_userdir.c>
361     #
362     # UserDir is disabled by default since it can confirm the presence
363     # of a username on the system (depending on home directory
364     # permissions).
365     #
366     UserDir disabled
367
368     #
369     # To enable requests to /~user/ to serve the user's public_html
370     # directory, remove the "UserDir disabled" line above, and uncomment
371     # the following line instead:
372     #
373     #UserDir public_html
374
375 </IfModule>
```

402 行如下，意思是设置首页为 index.html。

```
402 DirectoryIndex index.html index.html.var
```

409 行如下，意思是设置目录访问权限的控制文件为.htaccess。

```
409 AccessFileName .htaccess
```

415 行～419 行如下，意思是防止用户看到以.ht 开头的文件，保护.htaccess.htpasswd 的内容，这主要是为了防止其他人看到预设可以访问相关内容的用户名和密码。

```
415 <Files ~ "^\.ht">
416     Order allow,deny
417     Deny from all
418     Satisfy All
419 </Files>
```

425 行如下，意思是指定存放 MIME 文件类型的文件，可以自行编辑 mime.types 文件。

```
425 TypesConfig /etc/mime.types
```

436 行如下，意思是当 Apache 不能识别某种文件类型时，将自动将此文件当成文本文件处理。

```
436 DefaultType text/plain
```

443 行～446 行如下，意思是指可以使 Apache 由文件内容决定 MIME 类型。

```
443 <IfModule mod_mime_magic.c>
444 #    MIMEMagicFile /usr/share/magic.mime
445      MIMEMagicFile conf/magic
446 </IfModule>
```

456 行如下，意思是当 hostnamelookups 设置为 on 时，每次都会向 DNS 服务器要求解析 IP，这样会花费额外的服务器资源，并且降低服务器响应速度；一般设置为 off。

```
456 HostnameLookups Off
```

484 行如下，意思是设置错误日志，且指定错误日志的存放位置。

```
484 ErrorLog logs/error_log
```

491 行如下，意思是设置日志级别为警告级别。

```
491 LogLevel warn
```

497 行～500 行如下，意思是设置记录文件存放信息的模式，其中存放信息的模式有四种，分别为 combined、common、referrer 和 agent。

```
497 LogFormat "%h %l %u %t \"%r\" %>s %b \"%{Referer}i\" \"%{User-Agent}i\"" combined
498 LogFormat "%h %l %u %t \"%r\" %>s %b" common
499 LogFormat "%{Referer}i -> %U" referer
500 LogFormat "%{User-agent}i" agent
```

526 行如下，意思是设置存取文件采用 combined 模式。

```
526 CustomLog logs/access_log combined
```

536 行如下，意思是当 ServerSignature 为 on 时，服务器出错所产生的网页会显示 Apache 的版本号、主机、连接端口等信息；如果设置为 E-mail，则会有 mailto:的超链接。

```
536 ServerSignature On
```

551 行～558 行如下，意思是定义一个图标虚拟目录，并设置访问权限。

```
551 Alias /icons/ "/var/www/icons/"
552
553 <Directory "/var/www/icons">
554     Options Indexes MultiViews FollowSymLinks
555     AllowOverride None
556     Order allow,deny
557     Allow from all
558 </Directory>
```

604 行如下，意思是采用更好看的带有格式的文件列表方式。

```
604 IndexOptions FancyIndexing VersionSort NameWidth=* HTMLTable Charset=UTF-8
```

611 行～638 行如下，意思是设置显示文件列表时使用对应文件类型的图标。

```
611 AddIconByEncoding (CMP,/icons/compressed.gif) x-compress x-gzip
612
613 AddIconByType (TXT,/icons/text.gif) text/*
614 AddIconByType (IMG,/icons/image2.gif) image/*
615 AddIconByType (SND,/icons/sound2.gif) audio/*
616 AddIconByType (VID,/icons/movie.gif) video/*
617
618 AddIcon /icons/binary.gif .bin .exe
619 AddIcon /icons/binhex.gif .hqx
620 AddIcon /icons/tar.gif .tar
621 AddIcon /icons/world2.gif .wrl .wrl.gz .vrml .vrm .iv
622 AddIcon /icons/compressed.gif .Z .z .tgz .gz .zip
623 AddIcon /icons/a.gif .ps .ai .eps
624 AddIcon /icons/layout.gif .html .shtml .htm .pdf
625 AddIcon /icons/text.gif .txt
626 AddIcon /icons/c.gif .c
627 AddIcon /icons/p.gif .pl .py
628 AddIcon /icons/f.gif .for
629 AddIcon /icons/dvi.gif .dvi
630 AddIcon /icons/uuencoded.gif .uu
631 AddIcon /icons/script.gif .conf .sh .shar .csh .ksh .tcl
632 AddIcon /icons/tex.gif .tex
633 AddIcon /icons/bomb.gif /core
634
635 AddIcon /icons/back.gif ..
636 AddIcon /icons/hand.right.gif README
637 AddIcon /icons/folder.gif ^^DIRECTORY^^
638 AddIcon /icons/blank.gif ^^BLANKICON^^
```

709 行～734 行如下，意思是设置页面的语言。

```
709 AddLanguage ca .ca
710 AddLanguage cs .cz .cs
711 AddLanguage da .dk
712 AddLanguage de .de
713 AddLanguage el .el
714 AddLanguage en .en
715 AddLanguage eo .eo
716 AddLanguage es .es
717 AddLanguage et .et
718 AddLanguage fr .fr
719 AddLanguage he .he
720 AddLanguage hr .hr
721 AddLanguage it .it
722 AddLanguage ja .ja
723 AddLanguage ko .ko
724 AddLanguage ltz .ltz
725 AddLanguage nl .nl
726 AddLanguage nn .nn
727 AddLanguage no .no
728 AddLanguage pl .po
729 AddLanguage pt .pt
730 AddLanguage pt-BR .pt-br
731 AddLanguage ru .ru
732 AddLanguage sv .sv
733 AddLanguage zh-CN .zh-cn
734 AddLanguage zh-TW .zh-tw
```

743 行如下，意思是设置语言的优先级。

```
743 LanguagePriority en ca cs da de el eo es et fr he hr it ja ko ltz nl nn no pl pt pt-BR ru sv
    zh-CN zh-TW
```

759 行如下，意思是增加默认字符集为 UTF-8。

```
759 AddDefaultCharset UTF-8
```

779 行～780 行如下，意思是增加 MIME 类型。

```
779 AddType application/x-compress .Z
780 AddType application/x-gzip .gz .tgz
```

816 行和 817 行如下，意思是增加动态页面。

```
816 AddType text/html .shtml
817 AddOutputFilter INCLUDES .shtml
```

832 行～835 行如下，意思是三种格式的错误信息显示方式分别为纯文本 500、内部链接 404 和外部链接 402，其中内部链接包括 HTML 和 Script 两种格式。

```
832 #ErrorDocument 500 "The server made a boo boo."
833 #ErrorDocument 404 /missing.html
834 #ErrorDocument 404 "/cgi-bin/missing_handler.pl"
835 #ErrorDocument 402 http://www.example.com/subscription_info.html
```

3. 第三配置段

虚拟机变量配置是第三配置段，以下主要讲述配置文件中一些默认行的含义。

1003 行～1009 行如下：

```
1003 #<VirtualHost *:80>
1004 #      ServerAdmin webmaster@dummy-host.example.com
1005 #      DocumentRoot /www/docs/dummy-host.example.com
1006 #      ServerName dummy-host.example.com
1007 #      ErrorLog logs/dummy-host.example.com-error_log
1008 #      CustomLog logs/dummy-host.example.com-access_log common
1009 #</VirtualHost>
```

在本配置段中，如果虚拟机配置生效，则每一行都需要去掉"#"。ErrorLog 是指错误日志存放文件，CustomLog 为客户访问日志。

8.5.2　在 CentOS 系统中安装中文输入法

CentOS 中默认为英文输入法。为便于编辑中文文档，需要在 Linux 系统中安装中文输入法。

如果在安装系统时选择了中文，则中文输入法默认就会安装；如果你安装时选择了英文，则必须在安装时选择安装中文输入法，否则不会安装。即使你忘了选择，还是可以在装好系统之后安装中文输入法。安装方法也非常简单，只需要联网后执行以下操作即可：

(1) 切换到 root 用户，执行 sudo yum install"@Chinese Support"命令即可安装，如图 8-47 所示。

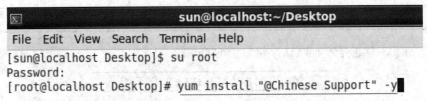

图 8-47　安装 ChineseSupport

安装完成，如图 8-48 所示。

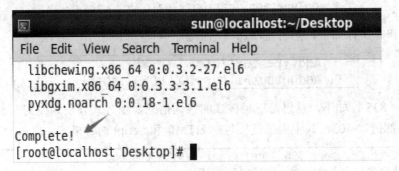

图 8-48　Chinese Support 安装完成

(2) 启用中文输入法，方法为依次单击系统→首选项→输入法，如图 8-49 所示。

图 8-49 中文输入法路径

(3) 在弹出的对话框中勾选启动输入法特性选项，如图 8-50 所示。

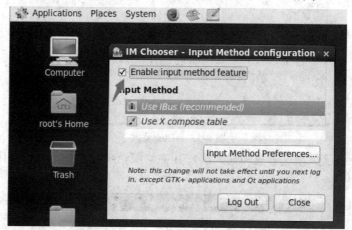

图 8-50 勾选输入法特性

此时中文输入法就已经被启用了，接下来看一下有哪些中文输入法。

(4) 单击"首选输入法"命令，如图 8-51 所示。

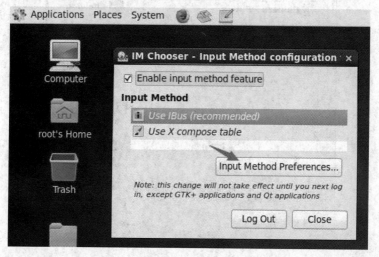

图 8-51 首选输入法

(5) 在"iBus 设置"对话框中单击"输入法",如图 8-52 所示。

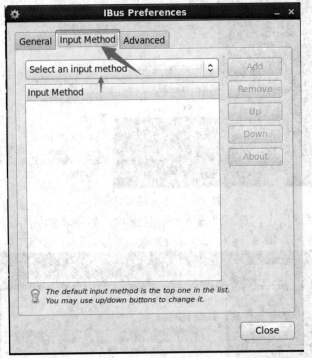

图 8-52　iBus 设置

可以看到系统已经预选了三种输入法,其中"汉语-Pinyin"是我们要用的输入法,如图 8-53 所示。

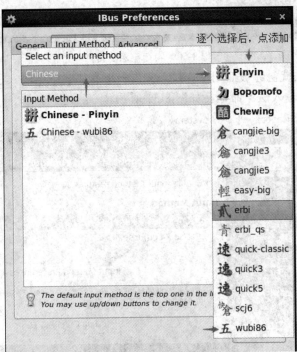

图 8-53　选择汉语

(6) 测试，方法为：按快捷键 Ctrl+Space 即可，其中"Space"是空格键。需要注意的是，必须有输入窗口，此快捷键才会有效。所谓的输入窗口就是可以输入文字的窗口，例如打开的文本文件、终端中等。按下 Ctrl+Space 后，在桌面的右上方就会显示一个拼音的"拼"字，如图 8-54 所示。

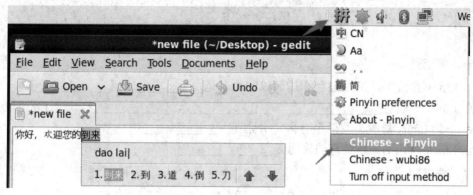

图 8-54　测试汉字的输入

配置完成。

练 习 题

项目一练习题

一、填空题

1. Linux 系统中，进入根目录最简单的命令是_____。

2. Linux 一般有_____、_____、_____三个主要部分。

3. 安装 Linux 最少需要两个分区，分别是 _____、_____。

4. Linux 默认的系统管理员账号是_____。

二、选择题

1. Linux 最早是由计算机爱好者(　　)开发的。

A. Richard Petersen   B. Linus Torvalds

C. Rob Pick   D. Linux Sarwar

2. 下列(　　)是自由软件。

A. Windows XP   B. UNIX   C Linux   D. Windows 2000

3. 下列(　　)不是 Linux 的特点。

A. 多任务   B. 单用户   C. 设备独立性   D. 开放性

4. Linux 的内核版本 2.3.20 是(　　)的版本。

A. 不稳定   B. 稳定的

C. 第三次修订   D. 第二次修订

5. Linux 安装过程中的硬盘分区工具是(　　)。

A. PQmagic   B. FDISK   C. FIPS   D. Disk Druid

6. Linux 的根分区系统类型是(　　)。

A. FATl6   B. FAT32   C. ext4   D. NTFS

三、简答题

1. CentOS 是当前最流行的商业版 Red Hat Enterprise Linux(RHEL)的克隆版，请简述 CentOS 系统的特点，并列举一些较为知名的 Linux 发行版本。

2. Linux 有哪些安装方式？安装 CentOS 6 系统要做哪些准备工作？

3. CentOS 6 系统的基本磁盘分区有哪些？

4. CentOS 6 系统支持的文件类型有哪些？

四、实践习题

1. 使用虚拟机和安装光盘安装 CentOS 6，并进行基本配置。

2. 删除 CentOS 6 系统中的某一个硬件，例如删除光驱。

3. 为 CentOS 6 配置常规网络。

4. 测试 CentOS 6 网络环境。

项目二练习题

一、填空题

1. _____可以使企业内部局域网与互联网或者与其他外部网络间互相隔离，限制网络互访，以此来保护_____。

2. 防火墙大致可以分为 3 大类，分别是_____、_____和_____。

3. FTP 服务器可提供文件_____和_____功能。

4. FTP 匿名登录时，可用于下载公共文件，但不能匿名_____。

5. 如果要创建一个 dir 的目录，可使用的命令为_____。

6. 如果要打开配置文件/etc/vsftpd/vsftpd.conf，可使用命令_____。

7. 如果要压缩文件 file1，可使用命令_____。

8. 网络地址转换器 NAT(Network Address Translator)位于使用专用地址的_____和使用公用地址的_____之间。

二、选择题

1. 在 Linux 2.6 以后的内核中，提供 TCP/IP 包过滤功能的软件叫什么？(   )

A. rarp   B. route   C. iptables   D. filter

2. 在 Linux 操作系统中，可以通过 iptables 命令来配置内核中集成的防火墙。若在配置脚本中添加 iptables 命令：#iptables -t nat -A PREROUTING -p tcp -s 0/0 -d 61.129.3.88 --dport 80 -j DNAT –to-destination 192.168.0.18 其作用是(   )。

A. 将对 192.168.0.18 的 80 端口的访问转发到内网的 61.129.3.88 主机上

B. 将对 61.129.3.88 的 80 端口的访问转发到内网的 192.168.0.18 主机上

C. 将对 192.168.0.18 的 80 端口映射到内网的 61.129.3.88 的 80 端口

D. 禁止对 61.129.3.88 的 80 端口的访问

3. 下面哪个配置选项在 Squid 的配置文件中用于设置管理员的 E-mail 地址？(   )

A. cache_effective_user   B. cache_mem

C. cache_effective_group   D. cache_mgr

4. 约翰计划在他的局域网建立防火墙，防止因特网直接进入局域网，反之亦然。在防火墙上他不能用包过滤或 SOCKS 程序，而且他想要为局域网用户提供因特网服务和协议。约翰应该使用的防火墙类型最好为(   )。

A. 使用 squid 代理服务器   B. NAT   C. IP 转发   D. IP 伪装

5. 从下面选择关于 IP 伪装的适当描述(   )。

A. 它是一个转化包的数据的工具

B. 它的功能就像 NAT 系统：将内部 IP 地址转换到外部 IP 地址

C. 它是一个自动分配 IP 地址的程序

D. 它是一个连接内部网到因特网的工具

6. 不属于 iptables 操作的是(   )。

A. ACCEPT 　　　　　　　B. DROP 或 REJECT 　　　　C. LOG 　　　　　D. KILL

7. 假设要控制来自 IP 地址 199.88.77.66 的 ping 命令，可用的 iptables 命令为(　　)。

A. iptables –a INPUT –s 199.88.77.66 –p icmp –j DROP

B. iptables –A INPUT –s 199.88.77.66 –p icmp –j DROP

C. iptables –A input –s 199.88.77.66 –p icmp –j drop

D. iptables –A input –S 199.88.77.66 –P icmp –J DROP

8. 如果想要防止 199.88.77.0/24 网络用 TCP 分组连接端口 21，可使用的 iptables 命令为(　　)。

A. iptables –A FORWARD –s 199.88.77.0/24 –p tcp --dport 21 –j REJECT

B. iptables –A FORWARD –s 199.88.77.0/24 –p tcp -dport 21 –j REJECT

C. iptables –a forward –s 199.88.77.0/24 –p tcp --dport 21 –j reject

D. iptables –A FORWARD –s 199.88.77.0/24 –p tcp –dport 21 –j DROP

三、简述题

1. 简述防火墙的概念、分类及作用。

2. 简述 iptables 的工作过程。

3. 简述 NAT 的工作过程。

项目三练习题

一、填空题

1. IP 地址的英文全称为＿＿＿＿＿＿，又译为网际协议地址。

2. 在 windows 系统中，主机名可以通过更改＿＿＿＿＿＿中的计算机名来进行更改，在 Linux 系统中，可以通过更改配置文件或使用＿＿＿＿＿＿命令进行更改。

3. 在 Linux 系统的终端中，将网卡 eth2 的 IP 地址更改为 192.168.1.123，可使用＿＿＿＿命令。

4. 在 Linux 系统中，当设置完 IP 地址后，需要重启网络服务，可使用命令＿＿＿＿＿＿重启网络服务。

5. ＿＿＿＿＿＿就是一种把内部私有网络地址(IP 地址)翻译成合法公有网络 IP 地址的技术，它在一定程度上能够有效地解决公网地址不足的问题。

6. 从 NAT 的实现技术分类，NAT 可以分为全锥 NAT、限制性锥 NAT、端口限制性锥 NAT、＿＿＿＿＿＿。

7. NAT 可以实现数据包伪装、＿＿＿＿＿＿、端口转发和透明代理等功能。

二、选择题

1. 在 Linux 系统的终端中，可以使用以下哪个命令，将当前的用户转换到根用户下？(　　)

A. su root 　　　　　　　　　　　　　B. su $

C. su linux 　　　　　　　　　　　　　D. 以上都不对

2. 请选择正确的命令，切换当前的路径到/etc/sysconfig/network-scripts 的文件目录下。
（　　）

A. mount　/etc/sysconfig/network-scripts B. cd　/etc/sysconfig/network-scripts

C. su　/etc/sysconfig/network-scripts D. nfsmount　/etc/sysconfig

3. 哪个命令可以显示目录的大小？（　　）

A. dd B. df C. du D. dw

4. 下列哪一个指令可以切换使用者的身份？（　　）

A. passwd B. log C. who D. su

5. 如何删除一个非空子目录/tmp？（　　）

A. del /tmp/* B. rm -rf /tmp

C. rm -Ra /tmp/* D. rm -rf /tmp/*

三、简答题

1. 简述源 NAT 的工作流程。

2. 简述目的 NAT 的工作流程。

3. 从 NAT 的基本原理划分，NAT 有哪三种类型？

四、实践习题

修改 Linux 操作系统主机的 IP 地址和主机名，并完成以下任务：

(1) 通过图形用户界面的方式将 eth0 的 IP 地址修改为 192.168.253.130，默认网关为 255.255.255.0。

(2) 使用终端命令方式将 eth1 的 IP 地址修改为 192.168.253.131，默认网关为 255.255.255.0。

(3) 更改配置文件，将 Linux 操作系统的主机名更改为 admin_server。

(4) 重启网络服务，使以上的设置生效。

项目四练习题

一、填空题

1. Samba 服务功能强大，使用_____协议，英文全称是_____。

2. SMB 经过开发，可以直接运行于 TCP/IP 上，使用 TCP 的_____端口。

3. Samba 服务是由两个进程组成，分别是_____和_____。

4. _____指定 YUM 仓库的位置。YUM 源文件的扩展名是_____，默认目录是_____。

5. Samba 的配置文件一般放在_____目录中，主配置文件名为_____。

6. Samba 服务器有_____、_____、_____、_____和_____五种安全模式，默认级别是_____。

二、选择题

1. 用 Samba 共享了目录，但是在 Windows 中，网络邻居却看不到它，应该在/etc/Samba/

smb.conf 中怎样设置才能正确工作？（　　　）

    A. AllowWindowsClients=yes　　　　　　B. Hidden=no

    C. browseable=yes　　　　　　　　　　D. 以上都不是

2. 请选择一个正确的命令来卸载 Samba 服务。（　　　）

    A. yum　install　samba　　　　　　　B. yum　info　samba

    C. yum　remove　samba　　　　　　　D. yum　uninstall　samba

3. 哪个命令可以允许 198.168.0.0/24 访问 Samba 服务器？（　　　）

    A. hosts enable = 198.168.0.　　　　　B. hosts allow = 198.168.0.

    C. hosts accept = 198.168.0.　　　　　D. hosts accept = 198.168.0.0/24

4. 启动 Samba 服务，哪些是必须运行的端口监控程序？（　　　）

    A. nmbd　　　　　　B. lmbd　　　　　　C. mmbd　　　　　　D. smbd

5. 下面所列出的服务器类型中，哪一种可以使用户在异构网络操作系统之间进行文件系统共享？（　　　）

    A. FTP　　　　　　B. Samba　　　　　　C. DHCP　　　　　　D. Squid

6. 利用(　　　)命令可以对 Samba 的配置文件进行语法测试。

    A. smbclient　　　　　　　　　　　　B. smbpasswd

    C. testparm　　　　　　　　　　　　D. smbmount

7. 可以通过设置条目(　　　)来控制可以访问 Samba 共享服务器的合法主机名。

    A. allow hosts　　　　　　　　　　　B. valid hosts

    C. allow　　　　　　　　　　　　　　D. publicS

8. Samba 的主配置文件中不包括(　　　)。

    A. global 参数　　　　　　　　　　　B. directory shares 部分

    C. printers shares 部分　　　　　　　D. applications shares 部分

三、简答题

1. 简述 Samba 服务器的应用环境。

2. 简述 Samba 的工作流程。

3. 简述基本的 Samba 服务器搭建流程的四个主要步骤。

4. 简述 Samba 服务故障排除的方法。

四、实践习题

1. 公司需要配置一台 Samba 服务器，工作组名为 smile，共享目录为/share，共享名为 public。该共享目录只允许 192.168.0.0/24 网段员工访问，请给出实现方案并上机调试。

2. 如果公司有多个部门，因工作需要必须分门别类地建立相应部门的目录，要求将技术部的资料存放在 Samba 服务器的/companydata/tech/目录下集中管理，以便技术人员浏览，并且该目录只允许技术部员工访问。请给出实现方案并上机调试。

3. 配置 Samba 服务器，要求如下：Samba 服务器上有个 tech1 目录，此目录只有 boy 用户可以浏览访问，其他人都不可以浏览和访问。请灵活使用独立配置文件，给出实现方案并上机调试。

4. 上机完成企业实战案例的 Samba 服务器配置及调试工作。

项目五练习题

一、填空题

1. Linux 和 Windows 之间可以通过_____进行文件共享，UNIX/Linux 操作系统之间通过_____进行文件共享。

2. NFS 的英文全称是_____，中文名称是_____。

3. RPC 的英文全称是_____，中文名称是_____。RPC 最主要的功能是记录每个 NFS 功能所对应的端口，它工作在固定端口_____。

4. Linux 下的 NFS 服务主要由 6 部分组成，其中_____、_____、_____是 NFS 必需的。

5. _____守护进程的主要作用是判断、检查客户端是否具备登录主机的权限，负责处理 NFS 请求。

6. _____是提供 rpc.nfsd 和 rpc.mounted 这两个守护进程与其他相关文档、执行文件的套件。

二、选择题

1. NFS 工作站要挂载远程 NFS 服务器上的一个目录的时候，以下哪一项是服务器端必需的？（   ）

A. rpcbind 必须启动   B. NFS 服务必须启动

C. 共享目录必须加在/etc/exports 文件里   D. 以上全部都需要

2. 请选择正确的命令，将 NFS 服务器 svr.jnrp.edu.cn 的/home/nfs 共享目录加载到本机/home2 上：（   ）

A. mount -t nfs svr.jnrp.edu.cn:/home/nfs /home2

B. mount -t -s nfs svr.jnrp.edu.cn./home/nfs /home2

C. nfsmount svr.jnrp.edu.cn:/home/nfs   /home2

D. nfsmount -s svr.jnrp.edu.cn /home/nfs   /home2

3. 哪个命令用来通过 NFS 使磁盘资源被其他系统使用？（   ）

A. share   B. mount   C. export   D. exportfs

4. 以下 NFS 系统中关于用户 ID 映射正确的描述是（   ）

A. 服务器上的 root 用户默认值和客户端的一样

B. root 被映射到 nfsnobody 用户

C. root 不被映射到 nfsnobody 用户

D. 默认情况下，anonuid 不需要密码

5. 公司有 10 台 Linux servers，你想用 NFS 在 Linux servers 之间共享文件，应该修改的文件是（   ）

A. /etc/exports   B. /etc/crontab

C. /etc/named.conf   D. /etc/smb.conf

6. 查看 NFS 服务器 192.168.12.1 中的共享目录的命令是(　　)。

A.　show –e 192.168.12.1　　　　　　　B.　show //192.168.12.1

C.　showmount –e 192.168.12.1　　　　D.　showmount –l 192.168.12.1

7. 装载 NFS 服务器 192.168.12.1 的共享目录/tmp 到本地目录/mnt/shere 的命令是
(　　)。

A.　mount 192.168.12.1/tmp /mnt/shere

B.　mount –t nfs 192.168.12.1/tmp /mnt/shere

C.　mount –t nfs 192.168.12.1:/tmp /mnt/shere

D.　mount –t nfs //192.168.12.1/tmp /mnt/shere

三、简答题

1. 简述 NFS 服务的工作流程。

2. 简述 NFS 服务的优势。

3. 简述 NFS 服务各组件及其功能。

4. 简述如何排除 NFS 故障。

四、实践习题

1. 建立 NFS 服务器，并完成以下任务：

(1) 共享/share1 目录，允许所有的客户端访问该目录，但只具有只读权限。

(2) 共享/share2 目录，允许 192.168.8.0/24 网段的客户端访问，并且对该目录具有只读
权限。

(3) 共享/share3 目录，只有来自.smile.com 域的成员可以访问并具有读/写权限。

(4) 共享/share4 目录，192.168.9.0/24 网段的客户端具有只读权限，并且将 root 用户映
射成为匿名用户。

(5) 共享/share5 目录，所有人都具有读/写权限，但当用户使用该共享目录的时候将账
号映射成为匿名用户，并且指定匿名用户的 UID 和 GID 均为 527。

2. 客户端设置练习：

(1) 使用 showmount 命令查看 NFS 服务器发布的共享目录。

(2) 挂载 NFS 服务器上的/share1 目录到本地/share1 目录下。

(3) 卸载/share1 目录。

(4) 自动挂载 NFS 服务器上的/share1 目录到本地/share1 目录下。

3. 完成"3.4　企业 NFS 服务器实用案例"中的 NFS 服务器及客户端的设置。

项目六练习题

一、填空题

1. DHCP 包括＿＿＿＿＿＿＿、＿＿＿＿＿＿＿、＿＿＿＿＿＿＿、＿＿＿＿＿＿＿四种报文。

2. 如果 DHCP 客户端无法获得 IP 地址，将自动从＿＿＿＿＿＿＿＿地址段中选择一个作
为自己的地址。

3. 在 Windows 环境下，使用＿＿＿＿＿命令可以查看 IP 地址配置，释放 IP 地址使用＿＿＿＿命令，续租 IP 地址使用　　　　命令。

4. DHCP 是一个简化主机 IP 地址分配管理的 TCP/IP 标准协议，英文全称是＿＿＿＿＿，中文名称＿＿＿＿＿。

5. 当客户端的租用期到＿＿＿＿＿以上时，就要更新该租用期，这时它会发送一个＿＿＿＿＿信息包给它所获得原始信息的服务器。

6. 当租用期达到期满时间的近＿＿＿＿＿时，客户端如果在前一次请求中没能更新租用期的话，它会再次试图更新租用期。

7. 配置 Linux 客户端需要修改网卡配置文件，将 BOOTPROTO 项设置为＿＿＿＿＿。

二、选择题

1. TCP/IP 中，哪个协议是用来进行 IP 地址自动分配的？(　　)

A. ARP　　　　　　B. NFS　　　　　　C. DHCP　　　　　　D. DDNS

2. DHCP 租约文件默认保存在(　　)目录中。

A. /etc/dhcpd　　　　B. /var/log/dhcpd　　　C. /var/log/dhcp　　　D. /var/lib/dhcp

3. 配置完 DHCP 服务器，运行(　　)命令可以启动 DHCP 服务。

A. service dhcpd　start　　　　　　　B. /etc/rc.d/init.d/dhcpd start

C. start dhcpd　　　　　　　　　　　D. dhcpd　on

三、简答题

1. 动态 IP 地址方案有什么优点和缺点？简述 DHCP 服务器的工作过程。

2. 简述 IP 地址租约和更新的全过程。

3. 如何配置 DHCP 作用域选项？如何备份与还原 DHCP 数据库？

4. 简述 DHCP 服务器分配给客户端的 IP 地址类型。

四、实践习题

1. 建立 DHCP 服务器，为子网 A 内的客户机提供 DHCP 服务，具体参数如下：

• IP 地址段：192.168.11.101-192.168.11.200，子网掩码：255.255.255.0；

• 网关地址：192.168.11.254，域名服务器：192.168.0.1；

• 子网所属域的名称为 jnrp.edu.cn；

• 默认租约有效期为 1 天，最大租约有效期为 3 天。

请写出详细解决方案，并上机实现。

2. DHCP 服务器超级作用域配置习题，要求如下：

(1) 企业网内有两个子网，分别为 192.168.174.0 网段和 192.168.160.0 网段，网址范围分别为 192.168.174.100～192.168.174.150 和 192.168.160.101～192.168.174.102；

(2) DHCP 服务器的 IP 地址为 192.168.1.2；

(3) 使用两台 Windows 7 系统进行测试。

请写出详细解决方案，并上机实现。

3. DHCP 中继代理的配置习题。

(1) 企业中的网络拓扑图如图 6-36 所示，子网分别为 192.168.3.0 网段和 192.168.2.0 网段，网址范围分别为 192.168.3.2～192.168.3.10 和 192.168.2.101～192.168.2.150；

(2) DHCP 服务器的 IP 地址为 192.168.2.3，中继代理服务器的 IP 地址为 192.168.2.2；

(3) 使用两台 Windows 7 系统进行测试。

请写出详细解决方案，并上机实现。

项目七练习题

一、填空题

1. 在因特网中，计算机之间直接利用 IP 地址进行寻址，因而需要将用户提供的主机名转换成 IP 地址，我们把这个过程称为_____。

2. DNS 提供了一个_____的命名方案。

3. DNS 顶级域名中表示商业组织的是_____。

4. _____表示主机的资源记录，_____表示别名的资源记录。

5. 写出可以用来检测 DNS 资源创建的是否正确的两个工具_____、_____。

6. DNS 服务器的查询模式有：_____、_____。

7. DNS 服务器分为四类：_____、_____、_____、_____。

8. 一般在 DNS 服务器之间的查询请求属于_____查询。

二、选择题

1. 在 Linux 环境下，能实现域名解析的功能软件模块是(　　)。

A. apache   B. dhcpd   C. BIND   D. SQUID

2. www.jnrp.edu.cn 是因特网中主机的(　　)

A. 用户名   B. 密码   C. 别名   D. IP 地址

3. 在 DNS 服务器配置文件中 A 类资源记录是什么意思？(　　)

A. 官方信息   B. IP 地址到名字的映射

C. 名字到 IP 地址的映射   D. 一个 name server 的规范

4. 在 Linux DNS 系统中，根服务器提示文件是(　　)。

A. /etc/named.ca   B. /var/named/named.ca

C. /var/named/named.local   D. /etc/named.local

5. DNS 指针记录的标志是(　　)。

A. A   B. PTR   C. CNAME   D. NS

6. DNS 服务使用的端口是(　　)。

A. TCP 53   B. UDP 53   C. TCP 54   D. UDP 54

7. 以下哪个命令可以测试 DNS 服务器的工作情况？(　　)

A. ig   B. host

C. nslookup   D. named-checkzone

8. 下列哪个命令可以启动 DNS 服务？(　　)

A. service named start   B. /etc/init.d/named start

C. service dns start   D. /etc/init.d/dns start

9. 指定域名服务器位置的文件是(　　)。

A. /etc/hosts
B. /etc/networks
C. /etc/resolv.conf
D. /.profile

三、简答题

1. 描述一下域名空间的有关内容。

2. 简述 DNS 域名解析的工作过程。

3. 简述常用的资源记录有哪些？

4. 如何排除 DNS 故障？

四、实践习题

1. 企业采用多个区域管理各部门网络,技术部属于"tech.org"域,市场部属于"mart.org"域,其他人员属于"freedom.org"域。技术部门共有 200 人,采用的 IP 地址为 192.168.1.1～192.168.1.200;市场部门共有 100 人,采用 IP 地址为 192.168.2.1～192.168.2.100;其他人员只有 50 人,采用 IP 地址为 192.168.3.1～192.168.3.50。现采用一台 RHEL5 主机搭建 DNS 服务器,其 IP 地址为 192.168.1.254,要求这台 DNS 服务器可以完成内网所有区域的正/反向解析,并且所有员工均可以访问外网地址。

请写出详细解决方案,并上机实现。

2. 建立辅助 DNS 服务器,并让主 DNS 服务器与辅助 DNS 服务器数据同步。

项目八练习题

一、填空题

1. Web 服务器使用的协议是_____,英文全称是_____,中文名称是_____。

2. HTTP 请求的默认端口是_____。

3. 在命令行控制台窗口,可通过输入_____命令打开 Linux 配置工具的选择窗口。

二、选择题

1. 哪个命令可以用于配置 Red Hat Linux 启动时自动启动 httpd 服务?(　　)

A. service
B. ntsysv
C. useradd
D. startx

2. 对于 Apache 服务器,提供的子进程的缺省的用户是(　　)。

A. root
B. apached
C. httpd
D. nobody

3. 世界上排名第一的 Web 服务器是(　　)。

A. apache
B. IIS
C. SunONE
D. NCSA

4. apache 服务器默认的工作方式是(　　)。

A. inetd
B. xinetd
C. standby
D. standalone

5. 用户主页存放的目录由文件 httpd.conf 的参数(　　)设定。

A. UserDir
B. Directory

　　C. public_html　　　　　　　　　　　　　D. DocumentRoot

6. 设置 Apache 服务器时，一般将服务的端口绑定到系统的(　　　)端口上。

　　A. 10000　　　　　　B. 23　　　　　　C. 80　　　　　　D. 53

7. 下面(　　　)不是 Apahce 基于主机的访问控制指令。

　　A. allow　　　　　　B. deny　　　　　　C. order　　　　　　D. all

8. 用来设定当服务器产生错误时,显示在浏览器上的管理员的 E-mail 地址的是(　　　)。

　　A. Servername　　　　　　　　　　　　B. ServerAdmin

　　C. ServerRoot　　　　　　　　　　　　D. DocumentRoot

9. 在 Apache 基于用户名的访问控制中，生成用户密码文件的命令是(　　　)。

　　A. smbpasswd　　　　　　　　　　　　B. htpasswd

　　C. passwd　　　　　　　　　　　　　　D. password

三、实践习题

1. 建立 Web 服务器，同时建立一个名为/mytest 的虚拟目录，并完成以下设置：

(1) 设置 Apache 根目录为/etc/httpd。

(2) 设置首页名称为 test.html。

(3) 设置超时时间为 240 秒。

(4) 设置客户端连接数为 500。

(5) 设置管理员 E-mail 地址为 root@smile.com。

(6) 虚拟目录对应的实际目录为/linux/apache。

(7) 将虚拟目录设置为仅允许 192.168.0.0/24 网段的客户端访问。

分别测试 Web 服务器和虚拟目录。

2. 在文档目录中建立 security 目录，并完成以下设置：

(1) 对该目录启用用户认证功能。

(2) 仅允许 user1 和 user2 账号访问。

(3) 更改 Apache 默认监听的端口，将其设置为 8080。

(4) 将允许 Apache 服务的用户和组设置为 nobody。

(5) 禁止使用目录浏览功能。

(6) 使用 chroot 机制改变 Apache 服务的根目录。

3. 建立虚拟主机，并完成以下设置：

(1) 建立 IP 地址为 192.168.0.1 的虚拟主机 1，对应的文档目录为/usr/local/www/web1。

(2) 仅允许来自.smile.com.域的客户端可以访问虚拟主机 1。

(3) 建立 IP 地址为 192.168.0.2 的虚拟主机 2，对应的文档目录为/usr/local/www/web2。

(4) 仅允许来自.long.com.域的客户端可以访问虚拟主机 2。

附录　FTP 服务器配置文件详解

以下为配置文件/etc/vsftpd/vsftpd.conf 的原始文件内容，"#"后的内容为行命令的解释。

#是否允许匿名登录 FTP 服务器，默认设置为 YES 允许
#用户可使用用户名 ftp 或 anonymous 进行 FTP 登录，口令为用户的 E-mail 地址
#如不允许匿名访问则设置为 NO
anonymous_enable=YES
#是否允许本地用户(即 Linux 系统中的用户帐号)登录 FTP 服务器，默认设置为 YES 允许
#本地用户登录后会进入用户主目录，而匿名用户登录后会进入匿名用户的下载目录/var/ftp/pub
#若只允许匿名用户访问，前面加上#注释即可阻止本地用户访问 FTP 服务器
local_enable=YES
#是否允许本地用户对 FTP 服务器文件具有写权限，默认设置为 YES 允许
write_enable=YES
#掩码，本地用户默认掩码为 077
#可以设置本地用户的文件掩码为缺省 022，也可根据个人喜好将其设置为其他值
local_umask=022
#是否允许匿名用户上传文件，须将全局的 write_enable=YES。默认为 YES
anon_upload_enable=YES
#是否允许匿名用户创建新文件夹
anon_mkdir_write_enable=YES
#是否激活目录欢迎信息功能
#当用户用 CMD 模式首次访问服务器上某个目录时，FTP 服务器将显示欢迎信息
#默认情况下，欢迎信息是通过该目录下的.message 文件获得的
#此文件保存自定义的欢迎信息，由用户自己建立
dirmessage_enable=YES
#是否让系统自动维护上传和下载的日志文件
#默认情况该日志文件为/var/log/vsftpd.log,也可以通过下面的 xferlog_file 选项对其进行设定
#默认值为 NO
xferlog_enable=YES
#MakesurePORTtransferconnectionsoriginatefromport20(ftp-data).
#是否设定 FTP 服务器启用 FTP 数据端口的连接请求
#ftp-data 数据传输，21 为连接控制端口
connect_from_port_20=YES

#设定是否允许改变上传文件的属主，与下面一个设定项配合使用

#注意：不推荐使用 root 用户上传文件

#chown_uploads=YES

#设置想要改变上传文件的属主。如果需要，则输入一个系统用户名

#可以把上传的文件都改成 root 属主。whoever：任何人

#chown_username=whoever

#设定系统维护记录 FTP 服务器上传和下载情况的日志文件

#/var/log/vsftpd.log 是默认的，也可以另设为其他

#xferlog_file=/var/log/vsftpd.log

#是否以标准 xferlog 的格式书写传输日志文件

#默认为/var/log/xferlog，也可以通过 xferlog_file 选项对其进行设定

#默认值为 NO

#xferlog_std_format=YES

#以下是附加配置，添加相应的选项将启用相应的设置

#是否生成两个相似的日志文件

#默认在/var/log/xferlog 和/var/log/vsftpd.log 目录下

#前者是 wu_ftpd 类型的传输日志，可以利用标准日志工具对其进行分析；后者是 vsftpd
类型的日志

#dual_log_enable

#是否将原本输出到/var/log/vsftpd.log 中的日志输出到系统日志

#syslog_enable

#设置数据传输中断间隔时间，此语句表示空闲的用户会话中断时间为 600 秒

#即当数据传输结束后，用户连接 FTP 服务器的时间不应超过 600 秒。可以根据实际
情况对该值进行修改

#idle_session_timeout=600

#设置数据连接超时时间，该语句表示数据连接超时时间为 120 秒，可根据实际情况对
其进行修改

#data_connection_timeout=120

#运行 vsftpd 需要的非特权系统用户，缺省是 nobody

#nopriv_user=ftpsecure

#是否识别异步 ABOR 请求

#当 FTPclient 下达"asyncABOR"指令时，该设定才需要启用

#而一般此设定并不安全，所以通常将其取消

#async_abor_enable=YES

#是否以 ASCII 方式传输数据。默认情况下，服务器会忽略 ASCII 方式的请求

#启用此选项将允许服务器以 ASCII 方式传输数据

#不过，这样可能会导致由"SIZE/big/file"方式引起的 DoS 攻击

#ascii_upload_enable=YES

#ascii_download_enable=YES

#登录 FTP 服务器时显示的欢迎信息

#如有需要，可在更改目录欢迎信息的目录下创建名为.message 的文件，并写入欢迎信息保存

#ftpd_banner=WelcometoblahFTPservice.

#黑名单设置。如果很讨厌某些 emailaddress，就可以使用此设定来取消他的登录权限

#可以将某些特殊的 emailaddress 抵挡住

#deny_email_enable=YES

#当上面的 deny_email_enable=YES 时，可以利用这个设定项来规定哪些邮件地址不可登录 vsftpd 服务器

#此文件需用户自己创建，一行一个 emailaddress 即可

#banned_email_file=/etc/vsftpd/banned_emails

#用户登录 FTP 服务器后是否具有访问自己目录以外的其他文件的权限

#设置为 YES 时，用户被锁定在自己的 home 目录中，vsftpd 将在下面 chroot_list_file 选项值的位置寻找 chroot_list 文件

#必须与下面的设置项配合

#chroot_list_enable=YES

#被列入此文件的用户，在登录后将不能切换到自己目录以外的其他目录

#从而有利于 FTP 服务器的安全管理和隐私保护。此文件需自己建立

#chroot_list_file=/etc/vsftpd/chroot_list

#是否允许递归查询。默认为关闭，以防止远程用户造成过量的 I/O

#ls_recurse_enable=YES

#是否允许监听

#如果设置为 YES，则 vsftpd 将以独立模式运行，由 vsftpd 自己监听和处理 IPv4 端口的连接请求

listen=YES

#设定是否支持 IPv6。如要同时监听 IPv4 和 IPv6 端口，

#则必须运行两套 vsftpd，采用两套配置文件

#同时确保其中有一个监听选项是被注释掉的

#listen_ipv6=YES

#设置 PAM 外挂模块提供的认证服务所使用的配置文件名，即/etc/pam.d/vsftpd 文件

#此文件中的 file=/etc/vsftpd/ftpusers 字段说明 PAM 模块能抵挡的帐号内容来自文件/etc/vsftpd/ftpusers 中

#pam_service_name=vsftpd

#是否允许 ftpusers 文件中的用户登录 FTP 服务器，默认为 NO

#若此项设为 YES，则 user_list 文件中的用户允许登录 FTP 服务器

#而如果同时设置了 userlist_deny=YES，则 user_list 文件中的用户将不允许登录 FTP 服务器，甚至连输入密码提示信息都没有

#userlist_enable=YES/NO

#设置是否阻 user_list 文件中的用户登录 FTP 服务器，默认为 YES

#userlist_deny=YES/NO

#是否使用 tcp_wrappers 作为主机访问控制方式

#tcp_wrappers 可以实现 Linux 系统中网络服务的基于主机地址的访问控制

#在/etc 目录中，hosts.allow 和 hosts.deny 两个文件用于设置 tcp_wrappers 的访问控制

#前者设置允许访问记录，后者设置拒绝访问记录

#如想限制某些主机对 FTP 服务器 192.168.57.2 的匿名访问，可编辑/etc/hosts.allow 文件，如在下面增加两行命令：

#vsftpd:192.168.57.1:DENY 和 vsftpd:192.168.57.9:DENY

#表明限制 IP 为 192.168.57.1/192.168.57.9 主机访问 IP 为 192.168.57.2 的 FTP 服务器

#此时 FTP 服务器虽可以 Ping 通，但无法连接

tcp_wrappers=YES

参 考 文 献

[1]　赵良涛，姜猛，肖川，等.Linux 服务器配置与管理项目教程（微课版）[M]. 北京：中国水利水电出版社，2019.

[2]　唐宏.Linux 服务器配置与管理 [M]. 北京：中国水利水电出版社，2018.

[3]　闫新惠.Linux 服务器的配置与管理项目实施[M]. 北京：清华大学出版社，2017.

[4]　王健，赵中楠，赵国生.Linux 服务器配置与管理完全学习手册[M]. 北京：清华大学出版社，2016.

[5]　李昕. 高校 Linux 操作系统教学改革探讨[J]. 高教学刊, 2017(20)：152-154.

[6]　庄建斌. 浅谈 Linux 操作系统安全加固[J]. 信息系统工程, 2019(2)：15-18.

[7]　丁宁，周凯. 面向运维的 Linux 系统管理教学改革研究[J]. 电脑知识与技术（学术版），2019(5)：159-160.

[8]　李艳红，刘凡成. 移动教学在高校 Linux 操作系统教学中的创新研究[J]. 现代计算机(专业版), 2018(3)：45-48.

[9]　杨远航. 基于 Linux 操作系统的备份与还原[J]. 福建电脑, 2017, 33(12)：22-24.

[10]　林美娥. 基于工作过程的 Linux 操作系统课程改革与研究[J]. 计算机产品与流通，2017(10)：13-16.

[11]　黄迅. Linux 虚拟服务器管理系统的安全设计与实现[J]. 网络安全技术与应用，2017(10)：11-11.

[12]　赵娟. 基于 Linux 的文件访问控制[J]. 电脑知识与技术, 2019(18)：21-23.

[13]　王晓英，曹腾飞，孟永伟，等. 计算机系统平台[M]. 北京：中国铁道出版社，2016.

[14]　郭英见. 网络文件系统(NFS)的工作原理和应用技术[J]. 计算机与通信, 1996(11)：6-8.

[15]　庄天舒. 基于区块链的 DNS 根域名解析体系[J].电信科学, 2018(03)：45-47.

[16]　杨云. 网络服务器搭建、配置与管理[M].北京：人民邮电出版社，2015.

[17]　马东顺. 利用 Linux 实现 Internet 域名服务[J]. 微型机与应用, 2001(05)：33-35.

[18]　查伟. 数据存储技术与实践[M]. 北京：清华大学出版社, 2016.

[19]　袁森. 基于 CentOS 6.5 的服务器搭建与配置[J]. 微型机与应用, 2014(02)：41-43.

[20]　罗彩君. 基于 Linux 系统的 FTP 服务器的实现[J]. 电子设计工程, 2013(04)：35-37.